作者简介

阚道远 男，安徽宣城广德人，毕业于中国人民大学国际关系学院，法学（政治学）博士。现为中共国家税务总局党校、国家税务总局干部学院教研三部副主任、副教授，全国税务系统领军人才、全国税务系统教育培训人才，主要从事网络政治、意识形态、党的建设、世界社会主义研究。出版《网络政治传播与意识形态建设》（研究出版社）、《涉税舆情管理》（中国税务出版社）等专著，在《红旗文稿》《思想理论教育导刊》《现代国际关系》《光明日报》等刊物发表文章70余篇，多篇被《人大复印资料》、人民网、新华网、求是理论网、中国社会科学网转载，研究成果受到有关部门好评，产生积极社会舆论影响。

中国越南互联网治理比较研究

阚道远◎著

人民日报学术文库

人民日报出版社

图书在版编目（CIP）数据

中国越南互联网治理比较研究／阚道远著 . —北京：
人民日报出版社，2018.9
ISBN 978－7－5115－2635－9

Ⅰ.①中… Ⅱ.①阚… Ⅲ.①互联网络—管理—对比
研究—中国、越南 Ⅳ.①TP393.4

中国版本图书馆 CIP 数据核字（2018）第 225610 号

书　　　名：中国越南互联网治理比较研究
作　　　者：阚道远

出 版 人：董　伟
责任编辑：张炜煜
封面设计：中联学林

出版发行：人民日报出版社
社　　　址：北京金台西路 2 号
邮政编码：100733
发行热线：（010）65369509　65369846　65363528　65369512
邮购热线：（010）65369530　65363527
编辑热线：（010）65369514
网　　　址：www. peopledailypress. com
经　　　销：新华书店
印　　　刷：三河市华东印刷有限公司

开　　　本：710mm×1000mm　1/16
字　　　数：213 千字
印　　　张：14
印　　　次：2019 年 1 月第 1 版　　2019 年 1 月第 1 次印刷

书　　　号：ISBN 978－7－5115－2635－9
定　　　价：68.00 元

摘　要

互联网作为 20 世纪最伟大的科学技术发明之一，给人类经济社会生活的方方面面带来翻天覆地的变化，其中既包括显著的发展红利，同时也形成了无法回避的艰巨挑战。要想最大限度地享受互联网利好，规避互联网发展带来的问题，必须高度重视互联网治理议题，构建互联网良性治理的基本格局。

中国越南既是互联网世界的后来者，又是重要的社会主义国家和发展中国家。中国于 1994 年接入国际互联网，目前成为世界上网民人数最多的国家，所谓的中国"新四大发明"（高铁、支付宝、共享单车和网购）中有三项是互联网发展及应用的成果。越南于 1997 年接入国际互联网，是网络信息产业发展最为抢眼的发展中国家。中国越南互联网渗透率不断提高，经济、政治、文化、社会等诸多方面深受影响，面临着互联网快速发展和治理的繁重任务。

在信息全球化浪潮裹挟之下，任何国家都难以保持独善其身。西方发达国家占得互联网发展先机，形成了互联网空间巨大优势。发达国家与发展中国家之间的"数字鸿沟"日益加大，社会主义国家生产发展和技术革新面临"断崖"危险，管理模式和管理方法亟待顺应网络时代的要求进行调整变革创新，社会思想文化受到网络渗透影响和深刻塑造，党和政府更需保持战略清醒和战略定力。与此同时，网络信息化带来了社会主义国家生产力发展的新契机，创造了社会主义理念广泛传播的新条件，激发了新型社会形态加速形成的新能量，对世界社会主义运动和人类进步力量壮大都具有积极意义。

对中国越南而言，互联网治理成功，则利党利国利民；互联网治理失利，则误党误国误民，尤其是在维护国家政权安全和意识形态安全方面，其重要性不言而喻。中越作为两个重要的社会主义国家和互联网发展卓有成效的发展中国家的"身份"，使得本文能够通过比较研究两国的互联网治理实践，总结出一些基本结论和基本规律，对互联网后发国家和社会主义国家产生积极的借鉴和参照价值。而这种借鉴和参照要比单纯"模仿"和"复制"制度条件、经济条件、社会条件完全不同的西方发达国家的互联网治理模式更具有现实性和可行性。

实践来看，从20世纪90年代中国越南接入国际互联网以来，两国党和政府均高度关注互联网治理，进行了不懈的努力和探索，获得不少治理经验，也存在一些治理问题。

研究发现，中越两国互联网治理的"共性特征"有：在治理理念上，中国越南都从维护党的执政地位的高度认识互联网治理问题，强调互联网发展与治理并举的战略思路，将互联网安全问题视为治理的核心问题，都主张在国际合作中实现互联网良性治理。在治理模式上，中国越南都采用政府主导型互联网治理模式，同时在向多主体协同治理的方向发展转型，都注重互联网治理过程中的法治建设。在治理策略上，中越在互联网治理中均强调舆论和意识形态工作重要性，注重实现利益与安全之间的平衡，面临着技术治理策略的转型升级。在治理效果上，中越均形成了符合本国国情的互联网治理模式，有力维护了国家网络主权和信息安全，互联网治理在经济社会发展中作用积极，互联网治理对发展中国家产生了示范作用。

中越两国互联网治理的"个性差异"有：在治理理念上，中国的"网络强国"目标更加体系化，系统性比较强，越南"信息技术强国"目标则相对具体和微观，系统性稍有欠缺；中国力求取得国际互联网治理话语权，成为网络空间"负责任的大国"，越南则局限于在区域合作的范围内最大程度实现其经济利益，获得更大话语权的诉求不强烈。在治理模式上，虽然采用了政府主导型的互联网治理模式，但是顶层机构整合的力度不同。中国成立了各个层级的网络安全和信息化领导小组，基本上实现了互联网治理上的统一和整合，越南则依然存在较复杂的"多头指挥"、力量分散问题。此外，越南更多地表现为"赶超"型的互联网发展模式。在治理策略上，中越在互联网治理中对待国外新媒体的态度有差异。中国对谷歌、脸谱、推特等采取比较严格的禁止措施，而这些媒介则在越南大行其道，普及率比较高。中国积极运用电子政务提高行政效能，改善政府形象，实现转型升级，越南则处于电子政务比较初级的起步阶段。在治理效果上，越南互联网治理的压力和问题比中国更为突出，且与中国存在"代差"和"时差"。总的来看，中国的互联网发展水平更高，治理经验相对更成熟。

综上比较，中国越南的互联网治理"大同小异"。因为两国维护国家政权安全和意识形态安全政治目标的一致性、促进国家经济社会现代化的共同任务和发展中国家相似的发展阶段和技术基础使得两者之间互联网治理存在"大同"，而又由于两国经济社会发展水平不同、面临的国际国内环境不同和执政党政治改革（革新）路径不同使得两者之间互联网治理出现"小异"。

中国越南的互联网治理实践在社会主义国家和发展中国家中具有"典型性""代表性"和"示范性"。中越的实践告诉我们，互联网治理绝不是简单的技术问题和管理问题，而是涉及国家改革发展稳定的战略性问题和全局性问题。对社会主义国家和世界社会主义运动而言，互联网发展和治理完全是新生事物和新生变量，没有先例可供借鉴和遵循。诞生于19世纪中叶的科学社会主义一旦在21世纪"触网"，能否进行成功的互联网发展和治理，直接关系到社会主义国家的前途命运和世界社会主义运动的发展未来。社会主义国家要正视互联网发展中的问题，通过积极有效的互联网治理，有力回应信息全球化浪潮和西方资本主义国家的互联网战略，维护国家政权安全和意识形态安全；助推实现社会主义国家治理体系和治理能力现代化；支持世界社会主义运动发展和进步力量壮大，有效遏制西方资本主义网络霸权和文化霸权的扩张。

中越的实践还启发我们，互联网治理并非在"真空"条件下进行的，它必须与国家经济社会发展水平相适应，受政治、文化、技术、制度等多种因素制约。因此，并不存在所谓的互联网治理"普世"方法，也没有放之四海皆准的互联网治理模式。中国越南都从世情国情党情出发，不照搬照抄西方国家互联网治理模式，在不同程度上取得了互联网治理的较好成绩。因此，不能因为西方国家在经济社会和互联网发展上领先于社会主义国家和发展中国家，就认定"西方模式"是互联网治理的"普世"选择；也不能因为西方国家大搞"网络自由"和制度输出，就放弃符合本国国情的互联网治理实践的探索。

党是社会主义现代化建设事业的领导核心。通过互联网治理创新，加强党的执政能力建设，是信息时代题中应有之义。党应当不断提升互联网治理水平，成为用网治网的行家里手，积极利用互联网辅助科学决策，团结服务群众，促进反腐倡廉、创新社会治理。同时，要着力提高党应对互联网意识形态风险、政治渗透风险和经济安全风险的能力，有效防范虚拟社会风险向现实政治领域迁延渗透，不断巩固党的执政地位，维护信息化条件下党的执政安全。

"风物长宜放眼量"。在互联网治理这个充满机遇和挑战的国家治理新领域，互联网"迭代"发展给社会主义国家的追赶创造了新契机，发展中国家之间的国际联合促进了全球互联网治理新秩序的加速形成，西方发达国家的网络霸权行为难以长期维持，必将进入"死胡同"。因此，互联网技术变革并不必然将发展中国家隔绝于万劫不复的"数字鸿沟"，也并不必然仅仅给社会主义国家带入尴尬被动的困境。只要能够把握互联网发展规律，重视互联网治理，选对互联网治理模式，维护互联网主权，互联网后发国家完全存在"翻身"的历史机遇。

当然，互联网治理是一项十分复杂的过程性实践，不存在一成不变的模式和方案。不能因为中国越南近年来互联网治理的"抢眼"成绩而忽视存在的深层次现实问题。例如，传统管理思路与互联网治理思维之间的协调问题，国家治理体系与互联网治理模式之间的匹配问题，惯用治理方式与互联网治理发展之间的衔接问题。中越要深刻认识新科技革命的变化发展趋势，更好树立互联网治理的现代新思维新理念，提升多元治理、协同治理水平，实现国家治理体系与互联网治理模式的有机融合，争取互联网后发国家的国际联合，创新全球互联网治理机制，实现互联网治理对社会主义事业的有力助推。从这个意义上说，以中越为代表的社会主义国家互联网治理的实践探索任重道远。

关键词：中国和越南；互联网治理；信息全球化；治理能力现代化；政权安全和意识形态安全

目 录
CONTENTS

导　论

0.1　选题的缘起和意义

20 世纪八九十年代以来，随着计算机的家庭化和个人化，信息技术引起新一轮科技革命和产业革命，全球进入信息时代。进入 21 世纪，互联网发展日新月异，新技术新工具层出不穷，通信、交流、分享、传播等功能不断提升，互联网 2.0 时代来临。同时，互联网平台承载的信息流在世界范围内跨国流动，来势迅猛、势不可挡。时空正在"压缩"，地球日益"变小"。作为"思想文化信息的集散地和社会舆论的放大器"，① 互联网传播深刻地改变着各国民众的思维方式和行为习惯，互联网空间成为了国家主权的新空间，互联网领域成为了社会治理的新领域，其中甚至蕴含了促进社会转型和制度变迁的巨大力量。②

因此，互联网治理研究开始出现并成为政治学研究的"热门"议题，受到政界学界不断升温的关注。就中国越南而言，作为世界上两个重要的社会主义国家，山水相连、源远流长，却又在信息时代面临着加强和创新互联网治理的紧迫形势和共同任务。中国于 1994 年接入国际互联网，越南于 1997 年接入国际

---

① 胡锦涛：《在人民日报社考察工作时的讲话》，人民网，http://politics.people.com.cn/GB/7406621.html，2008 - 06 - 20。

② 向文华等：《科技革命与社会制度嬗变》，中央编译出版社，2003 年版，第 14 页。

互联网。随着网络信息化快速发展和互联网普及率的日益提高，两国的网民人数都超过总人口的 50%，互联网渗透进两国经济社会生活的方方面面，扮演着越来越重要的角色，经济发展、政治稳定、思想文化与互联网治理的相关性影响日益增强。从网络意识形态来讲，互联网成为舆论斗争和意识形态斗争的主战场，能不能在网络空间打得赢、顶得住，关系到国家政权安全和意识形态安全。从网络安全来讲，"没有网络安全，就没有国家安全"，网络安全在国家整体安全中的角色日益凸显。从网络技术来讲，网络技术是网络安全的"命门"，是网络治理的基础要素之一。

毫不夸张地讲，互联网成为引发中国共产党和越南共产党执政重大关切的"新的变量"。中国共产党和越南共产党是"国家治理的核心主体和领导力量，互联网治理可以视为国家治理在虚拟网络空间的表现形态，党对互联网治理的领导是基于对国家治理领导权力的延伸"①。现实来看，中国越南互联网治理具有研究探讨的学术价值和实践价值。

第一，选择中国越南互联网治理进行比较具有一定的现实意义和理论价值。首先，中国越南同为社会主义国家，与西方发达国家在互联网治理方面存在"先天"差异。从比较研究方法的角度来看，似乎比较对象的差异性越显著，得出的结论越明确。但是，互联网治理绝非"单纯"的管理体制机制和方法策略，它深深"嵌入"一国的政治权力结构和社会政治制度之中。尽管中国（或越南）可能在与西方发达国家的比较中，更能直接观察出互联网治理的特点和差异，但是这些不同点会因为社会制度的不同而成为"理所当然"。即便能够总结概括出中国（或越南）与西方发达国家之间互联网治理的差异和特点，也往往因为社会制度和基础条件的巨大差距，使借鉴和启示之类的探讨缺乏现实意义。其次，作为社会主义国家互联网治理实践比较，中国越南具有较强的代表性。两国同为近年来经济社会发展成就显著的社会主义国家，一举一动受到国际社会的广泛关注。两国网民人数众多，互联网发展的经济社会影响广泛，执政党

---

① 陈家喜、张基宏：《中国共产党与互联网治理的中国经验》，《光明日报》，2016 年 1 月 25 日 2 版。

不遗余力进行治理。两国互联网治理经过了20余年的实践检验，既取得了一些成绩，又存在持续改进的空间。所以，对两国互联网治理进行比较分析，可以更加深刻地认识信息全球化浪潮下共产党执政的社会主义国家在互联网治理上面临的问题，更加准确地把握目前互联网治理的实际效果，更加清晰地判断互联网治理的模式、路径和方法，是一个有生命力和时代感的前瞻性话题，值得进行研究和探讨。

第二，梳理总结中国越南互联网治理面临的问题，认识把握共产党执政的社会主义国家和发展中国家在互联网发展上遭遇的问题，明确互联网治理的角色定位和重大意义。在中国，伴随着建设网络强国目标的提出，互联网治理近几年来成为"显学"，网络安全、网络治理、网络战略成为热词，相关研究成果也比较多见。越南近年来互联网迅速发展，互联网治理动作频频，引发国际舆论关注。中国大陆也相继出现了一些介绍越南互联网发展和治理的研究成果，但都比较零散，在内容上仅限于网络经济、网络安全和信息产业等，在深度上仅限于情况介绍和动态追踪，鲜有系统深入的理论研究成果。将两个社会主义国家的互联网治理进行比较研究的成果更是付之阙如。因此，把两个信息技术快速发展普及的社会主义国家的互联网治理进行比较研究，抽象概括出共同点和不同点，是该领域的尝试和创新。通过对两国系统比较研究，可以梳理总结中国越南作为互联网发展的后发国家，在互联网治理上遇到的相同和相似的问题、不同和差异的程度，以及这些问题、差异对两国党的执政和国家治理产生的影响。这能够帮助我们更好地理解互联网治理体系和治理能力建设在国家治理体系和治理能力现代化中的地位和作用，深化和拓展对社会治理和国家治理的认识，有利于加强和创新互联网治理，巩固党的执政地位。

第三，比较分析中国越南互联网治理理念、模式、策略和效果，分析中越之间的异同，以及产生这些异同的原因。从分析比较来看，中国越南均高度重视互联网治理，形成了各自的互联网治理理念，而中国的互联网理念包含着建设网络强国的内涵，注重国际话语权和影响力的建构；中国的互联网治理模式和策略更加成熟，能够在国家顶层设计上有所规划，一定程度上克服了"九龙治水"的局面，而越南还处于"多头治理"的分散状态；两国的互联网治理效果目前都能基本适应互联网的发展，但也面临越来越大的内外压力，亟待通过思维更新、体制创新、技术发展、国际合作等方式加以解决。究其原因，在相同点上，跟中国越南同属于社会主义国家、发展中国家、互联网技术的后发国家以及面临相同相似的国家发展和治理任务相关；在不同点上，与中国越南国情国力不同、面临的国际环境不同、信息化发展水平不同、互联网治理目标不同等因素有关。从效果角度看，这其中有些方面是中国的优势和长项，有些是越南的不足和短板，有些则是共同面临的问题和困难，可以通过对比发现问题和经验，有利于中越之间的相互借鉴，更好地实现互联网良性治理这一两国共同面临的重大课题。

第四，抽象出共产党执政的社会主义国家和发展中国家互联网治理的模式、战略和选择，实现更有利的互联网治理和国家治理。比较中国越南互联网治理的异同仅仅是论文研究的一部分，关键是要从中国越南的实践和经验中，总结概括出共产党执政的社会主义国家和发展中国家应该采用何种模式、哪些方法在相对落后的基础条件上实现互联网的有效治理，从而提升国家治理的效果，促使经济社会健康运行、持续发展。论文力图在最后回答这样的问题，结合全球信息化浪潮发展趋势和中国越南经济社会发展前景，作出更明确的分析判断。此外，从世界社会主义更广阔的视野来看，中国越南属于社会主义国家中经济社会发展水平相对领先的国家，老挝、朝鲜、古巴等国则比较落后，互联网发展程度和普及率相对较低。但是，老挝、朝鲜、古巴的互联网发展潜力巨大，影响范围日益凸显，互联网治理和国家治理的关联度不断增强，呈现出诸多比较突出的新情况新问题。总结概括中国越南的互联网治理模式和方法，对这些国家而言具有一定借鉴意义和参考价值，能从党的执政能力建设的视角下来更深刻地分析在相对落后基础上如何实现互联网良性治理。同时，中国越南（尤其是越南）在互联网治理上的创新和成效给世界社会主义运动注入了新的生机和活力，充分证明社会主义国家甚至是社会主义小国通过艰辛探索和不懈努力也有机会追赶信息化浪潮，获得新科技革命和互联网治理领域的骄人成绩。世界社会主义运动在网络时代依然焕发出勃勃生机，具有强大的适应性和生命力。

0.2 研究对象的界定

为避免产生歧义，必须在论文开篇之前对研究对象进行严谨地界定。

互联网被称为"网络的网络"，这些网络以一组通用的协议相连，形成逻辑上的单一巨大国际网络。本文采用这样的定义，即互联网是全球数据通信能力，这种通信通过互联网协议（IP）、传输控制协议（TCP）、域名系统（DNS）和数据包路由协议把公共和私营通信网络连接起来得以实现。①

治理（Governance）是相对于统治（Government）而言的，治理理论强调协调与合作，强调治理主体的多元化及治理主体与客体地位的相互转化。② 所谓互联网治理（Internet Governance）③，互联网治理的工作定义是政府、私营部门和公民社会组织在发挥各自角色的基础上共同发展和应用一致的原则、规范、规则、共同制定政策、以及发展和开展各类项目的过程，其目的是促进互联网的发展和使用。④

中国是指中华人民共和国，但在研究上仅包括中国大陆，台湾、香港、澳门属于不同的政治制度，其互联网治理不在本文研究范围内。越南是指越南社会主义共和国。

本文的研究对象，是中国（大陆）和越南的互联网治理实践，包括两国互联网治理的基础、历程、问题、理念、模式、策略、效果、原因、趋势等方面

---

① Mathiason J. , *Internet Governance: the New Frontier of Global Institutions*, Routledge, 2009, p. 11.
② 熊光清：《推进中国网络社会治理能力建设》，《社会治理》，2015 年第 2 期。
③ 这里要与网络治理（Network Governance）区分开来。"网络治理"是公共政策领域的热词，指建立在资源相互依赖基础上的一种新的公共政策管理模式。但是，在研究中，有些中国学者在概念使用上将"网络治理"与"互联网治理"相等同，实际上就是互联网领域研究，而并非公共政策领域研究。
④ 2004 年，在日内瓦召开的信息社会世界高峰论坛制定的《日内瓦行动计划》第 6 章 13 条中规定：要求联合国秘书长成立互联网治理工作小组制定出互联网治理的概念。2005 年召开的突尼斯高峰会议才对"互联网治理"一词进行了上述明确的界定。

以及相关比较分析。

0.3 国内外研究现状

0.3.1 国内研究现状综述

近年来，随着互联网治理议题持续发酵，该领域不仅仅成为现实关注的热点，亦成为理论研究的热点。总体来看，国内互联网治理的学术研究呈现出三个特点：一是突出的问题导向，对中国互联网治理面临的现实问题给予高度关注，主要研究中国互联网治理模式、方式、法治、安全等领域，并提出有针对性的意见建议；二是就国际比较研究而言，多关注欧美日韩等发达国家的互联网治理实践[①]，期待从其中发现经验和方法供中国的互联网治理借鉴，对互联网后发国家治理问题的关注程度不够；三是突出强调互联网全球治理研究，体现出对中国在全球互联网治理中话语权的重大关切。

第一，互联网治理在中国大陆是一个非常热门和时髦的研究领域，涌现出了非常丰富的研究成果。这些研究成果一般分为两个层面：一个是互联网的全球治理，另一个是中国的互联网治理。两者之间，既有区别，也有联系。中国的互联网治理离不开全球互联网治理，网络安全、网络主权等议题都是跨国问题和全球视角，因此，不研究互联网全球治理，就无法从本质上思考和回答中国互联网治理的问题。同样，中国作为网民人数最多、快速发展壮大的网络大国，正在向网络强国迈进，在全球互联网治理上拥有越来越大的话语权，代表着广大发展中国家和互联网后发国家在全球互联网治理上的利益和诉求，很难

---

① 代表作品有马志刚：《中外互联网管理体制研究》，北京大学出版社，2014 年版；陈晓云：《韩国网络治理现状及启示》，《新闻与传播研究》，2010 年第 6 期；周高琴：《从争议到共识：西方国家互联网法治之路探析》，《新闻界》，2015 年第 6 期；谢新洲：《美国互联网管理的新变化》，《新闻与写作》，2013 年第 3 期；王梓安：《浅谈日本手机移动互联网管理》，《中国记者》，2013 年第 3 期；等等。

想象中国缺席的全球互联网治理研究。

1. 在互联网治理理论和全球互联网治理上，中国学者主要有以下观点：

在对互联网领域的管理和规范方面，国内学者最初称之为"互联网监管"，如李永刚的《我们的防火墙：网络时代的表达与监督》①，唐子才、梁雄健的《互联网规制理论与实践》②。"监管"一词的运用重点突出了政府行政措施的主体地位，以此加强对互联网领域的监督和管控。在互联网发展初期，政府的监管取得了一定的成效。但是伴随着信息技术的不断发展，互联网渗透到社会的各个领域，社会的各种矛盾日益凸显，单靠政府的行政手段不能从根本上解决。而"治理"理论更强调政府、社会、公民等多中心共同参与对社会公共事务多位一体的治理。这也在很大程度上提高了解决社会问题的效率。因此，对于互联网领域的管理和规范，"治理"比"监管"更合适、更贴切。这一观点也被国内学者广泛接受。并且在互联网治理方面的研究颇有成效，但是也存在一定的不足，例如对互联网治理没有形成统一的明确的概念，大部分研究集中于学术论文，专著比较少。

蒋力啸在《试析互联网治理的概念、机制与困境》③ 中，对"互联网治理"的定义强调以"政府、社会、公民"为治理主体，以制定政策、规定为手段，以解决网络资源分配、技术标准确定及安全事件应对为主要目的。覃庆铃在《互联网治理》④ 中从关键基础资源、内容、信息安全三个方面，对互联网治理的内容进行了明确界定与详细分析。闫强、舒华英在《互联网治理的分层模型及其生命周期》⑤ 中对互联网治理的理解则是结构、功能和意识三个层面展开的。总体而言，对于互联网治理的理解较为全面的是唐守廉在《互联网及其治

---

① 李永刚：《我们的防火墙：网络时代的表达与监督》，广西师范大学出版社，2009 年版。
② 唐子才、梁雄健：《互联网规制理论与实践》，北京邮电大学出版社，2008 年版。
③ 蒋力啸：《试析互联网治理的概念、机制与困境》，《江南社会学院学报》，2011 年第 3 期。
④ 覃庆铃：《互联网治理》，《数据通信》，2011 年第 2 期。
⑤ 闫强、舒华英：《互联网治理的分层模型及其生命周期》，《通信发展战略与管理创新学术研讨会论文集》，2006 年。

理》① 中提出的四个层面，即网络/结构层面、功能/业务层面、信息/权益层面、治理/机制层面，并且做出了详细的概括与解释。

赵水中在《世界各国互联网管理一览》中对于互联网治理的模式进行了划分并做出了具体分析，他认为世界范围内互联网治理的模式主要有两种：政府主导模式和政府指导行业自律模式。第一种模式强调了互联网治理中政府发挥的主体作用，而第二种模式则强调了互联网行业及从业者的自律的作用②。

关于全球互联网治理面临的主要挑战分析。中国信息化发展报告课题组在《网络与治理：中国信息化发展报告（2015）》中认为问题主要来自两个方面：一是网络空间各主体利益诉求不同带来的"平衡难题"，如对重要网络资源控制权的争夺以及"政府主导权之争"等；二是网络空间发展带来的"新问题"，是互联网发展到一定阶段的产物，治理之策尚在摸索之中。具体包括网络资源分配权争端、政府定位之争、网络空间规则仍待完善、国际协调机制缺失等问题。③ 唐子才、梁雄健在《互联网规制理论与实践》中认为互联网治理的主要问题是美国对互联网治理体系的单边垄断。同时对我国互联网治理提出相关建议。④ 刘晗在《域名系统、网络主权与互联网治理：历史反思及其当代其实》中指出，信息技术大发展背景下，互联网逐渐发展为国家主权的重要组成部分，各国对于根域名控制权的争夺也愈演愈烈，但传统国际法和国际政治对于以特定公司为授权主体进行治理的私有化模式，倍感质疑。⑤ 李艳在《当前国际互联网治理改革新动向探析》中指出，"斯诺登事件"以来，国际社会掀起新一轮互联网治理热潮，治理改革进程出现一些新动向。但是鉴于美国政府的强势作为，互联网名称与地址分配机构国际化前景并不乐观。中国作为网络大国，受

---

① 唐守廉：《互联网及其治理》，北京邮电大学出版社，2008 年版，第 32 - 33 页。
② 赵水中：《世界各国互联网管理一览》，《中国电子与网络出版》，2002 年第 8 期。
③ 中国信息化发展报告课题组：《网络与治理：中国信息化发展报告（2015）》，电子工业出版社，2015 年版，第 159 - 165 页。
④ 唐子才、梁雄健：《互联网规制理论与实践》，北京邮电大学出版社，2008 年版，第 192 - 199 页。
⑤ 刘晗：《域名系统、网络主权与互联网治理：历史反思及其当代其实》，《中外法学》，2016 年第 2 期。

各种因素制约，在现有互联网治理机制中的代表性与话语权有限。① 方兴东、胡怀亮、肖亮在《中美网络治理主张的分歧及其对策研究》中指出，中美两国是网络空间最大的发达国家和最大发展中国家，中美网络治理主张分歧突出，分为根本性分歧（比如网络主权方面）、策略性分歧（比如政府角色方面）、措辞性分歧（比如多方与多边）三类。② 从互联网国际治理研究来看，中国学者较为关注互联网的主权属性问题、网络安全问题和反对网络霸权问题，并认为这与中国国家利益和互联网治理息息相关。

2. 在中国互联网治理研究上，成果又具体分为以下几个领域：

一是涌现出了一系列介绍中国领导人互联网治理思想的成果，尤其是以习近平同志为核心的中国共产党十八大以来对互联网治理领域高度重视、动作频频。陈万球、欧阳雪倩在《习近平网络治理思想的理论特色》③ 中指出，习近平从"四个全面"大布局、"网络强国"大战略、"网络安全"大命脉、"人类命运共同体"大主题四个方面提出了我国网络治理的新思想。朱巍在《习近平互联网思想体系的辩证分析》④ 中指出，在我国互联网发展实践和世界互联网发展趋势的基础上，习近平提出要把我国从网络大国建设成为网络强国，他的互联网思想体系包括网络主权论、网络安全论、网络法治与伦理论、网络空间治理方略、网络文化与舆情论、网络技术发展论和网络开放与合作论等多个方面。这些论述构建起适合我国未来发展和惠及全球的互联网发展重要思想体系。史为磊在《习近平网络治理思想探析》⑤ 中指出，习近平网络治理思想主要包括网络治理目标、网络治理原则、网络治理战略、网络治理方式、网络治理动力、网络治理保障等 6 个方面的重要论断，形成了中国特色网络治理理论的最新成果。吴现波、李卿则认为，习近平互联网治理思想是其治国理政思想体系

---

① 李艳：《当前国际互联网治理改革新动向探析》，《现代国际关系》，2015 年第 4 期。

② 方兴东、胡怀亮、肖亮：《中美网络治理主张的分歧及其对策研究》，《新疆师范大学学报（哲学社会科学版）》，2015 年第 5 期。

③ 陈万球、欧阳雪倩：《习近平网络治理思想的理论特色》，《长沙理工大学学报（社会科学版）》，2016 年第 3 期。

④ 朱巍：《习近平互联网思想体系的辩证分析》，《中国广播》，2016 年第 4 期。

⑤ 史为磊：《习近平网络治理思想探析》，《贵州省委党校学报》，2016 年第 6 期。

的一个重要组成部分，其内容可概括为重要地位论、网络强国论、安全发展论、依法治网论、技术强网论、文化净网论、人才兴网论、网络主权论、开放合作论、命运共同体论等十个方面，系统回答了如何认识互联网、中国如何建成网络强国、全球如何构建互联网治理体系等三大问题。① 朱锐勋认为顶层设计、自主可控、协同共治、依法治网、信息公开、"四化"同步和创新驱动是习近平网络安全和信息化战略观的主要内容。② 为实现建设"网络强国"的目标，当前和今后我国网络安全与信息化发展的重点是要从先进信息网络基础设施、互联网＋、信息公开和数据开放、信息技术驱动创新发展、电子公共服务、全媒体应用和大网络安全体系等方面着力。

二是把中国互联网治理实践作为重要模式和成功经验进行研究，把互联网治理放在国家治理体系和治理能力现代化的大视野中进行定位和研究。

关于中国互联网治理的阶段划分问题。方兴东、张静的《中国特色的网络治理演进历程和治网之道》③ 将中国的互联网治理划分为"九龙治水奠基阶段（1994—1998 年）""九龙治水初步形成阶段（1999—2004 年）""九龙治水相对成熟阶段（2004—2013 年）""九龙治水升级阶段（2014 年至今）"等 4 个阶段，并得出了"中国已经初步形成了具有中国特色的互联网治理模式，但有待进一步完善"的结论。陈建功、李晓东的《中国互联网发展的历史阶段划分》④ 根据互联网重点应用方向的变迁，把中国互联网发展历程分为"引入期（1980年代—1994 年）""商业价值发展期（1994—2005 年）""社会价值凸显期（2006 年至今）"等 3 个阶段，并强调"中国政府能够找到实现互联网与社会治理的良性互动、协调发展之路"。苗国厚在《互联网治理的历史演进与前瞻》⑤中将中国的互联网治理划分为"摸索起步阶段（1994—2004 年）""强化完善阶

---

① 吴现波、李卿：《习近平互联网治理思想的基本论点及价值》，《中共云南省委党校学报》，2016 年第 4 期。
② 朱锐勋：《试析习近平网络安全和信息化战略观》，《行政与法》，2016 年第 2 期。
③ 方兴东、张静：《中国特色的网络治理演进历程和治网之道》，《汕头大学学报（人文社会科学版）》，2016 年第 2 期。
④ 陈建功、李晓东：《中国互联网发展的历史阶段划分》，《互联网天地》，2014 年第 3 期。
⑤ 苗国厚：《互联网治理的历史演进与前瞻》，《重庆社会科学》，2014 年第 11 期。

段（2005—2010 年）"和"日趋成熟阶段（2011 年至今）"等 3 个阶段，指出"未来互联网治理将逐步推行网络社会治理模式，意识形态安全将是治理的重点，更加注重多方治理，加强法制建设，促长效有机运行"。

关于中国互联网治理的经验总结问题。马俊、殷秦、李海英在著作《中国的互联网治理》① 中从设施、资源、服务等方面对互联网治理做出了详细论述。刘瑛、张方方在《我国互联网管理目标的设定与实现》② 中从经济、社会和文化三个方面对互联网治理目标进行了分析。叶敏在《中国互联网治理：目标、方式与特征》③ 中则是从推进现代化建设、依法保护言论自由和传播先进文化角度对互联网治理的目标进行了阐述。柳韦融、王融在《中国的互联网管理体制分析》④ 中从"资源、犯罪、保密、安全、内容、业务、著作权、反垃圾邮件、电子商务"等九大领域对互联网治理的内容进行了详细划分。钟忠在《中国互联网治理问题研究》⑤ 中则从"关键基础设施、网络环境、权益保护、知识产权保护、虚拟社区管理、违法犯罪"等层面，对互联网治理的内容进行了分类，并做出详细阐述。

黄相怀等的《互联网治理的中国经验》⑥ 从互联网治理理念、治理模式、治理策略等方面较为系统总结了中国互联网治理经验，认为"中国探索出了一条既符合互联网发展历史潮流，又有效保障国家安全和公民网络权利的互联网治理之路。在世界范围内，中国已经走在了互联网治理的最前沿"。钟瑛在《我国互联网管理模式及其特征》⑦ 中认为政府主导是我国互联网治理的最主要模式，并对选择这种模式的原因进行了客观的、详细的分析。而叶敏在《中国互

---

① 马俊、殷秦、李海英：《中国的互联网治理》，中国发展出版社，2011 年版，第 78 页。
② 刘瑛、张方方：《我国互联网管理目标的设定与实现》，《新闻与传播研究》，2009 年第 4 期。
③ 叶敏：《中国互联网治理：目标、方式与特征》，《新视野》，2011 年第 1 期。
④ 柳韦融、王融：《中国的互联网管理体制分析》，《中国新通信》，2007 年第 18 期。
⑤ 钟忠：《中国互联网治理问题研究》，金城出版社，2010 年版，第 107 页。
⑥ 黄相怀等：《互联网治理的中国经验：如何提高中共网络执政能力》，中国人民大学出版社，2017 年版。
⑦ 钟瑛：《我国互联网管理模式及其特征》，《南京邮电大学学报（社会科学版）》，2006 年第 6 期。

联网治理：目标、方式与特征》① 中则认为法律规范、行政监督、行业自律、技术保障、公众监督、社会教育等是我国互联网治理的模式分类。邓莹在论文《中国互联网治理理念与能力提升研究》② 中对我国互联网治理的发展阶段及现状进行了详细论述，认为伴随着互联网技术的发展与运用，我国多元主体参与的互联网共同治理体系已在我国基本形成，并于 2014 年进入了同国际社会的合作共治新阶段。

关于中国互联网治理的发展趋势问题。曹海涛在《从监管到治理——中国互联网内容治理研究》③ 中认为，我国互联网应着重从"法律、社会、网民"三个层面，转变管理理念和方式，构建由"监管"走向"治理"的多元化内容治理的新体系。金蕊的论文《中外互联网治理模式研究》④ 中首先比较了中外互联网治理模式的现状及优缺点，最终结合我国的基本国情，提出我国互联网治理模式应遵循多主体协同原则。王慧芳在《中日互联网治理比较研究》⑤ 中指出，加强我国互联网治理体系建设应从树立同步发展理念、完善法律体系、鼓励多元参与、保障网络安全、保护未成年人权益等方面着手。张东在《中国互联网信息治理模式研究》⑥ 中提出了互联网治理应以构建理性网络文化及和谐社会为最终目标，在综合分析的基础上总结出我国互联网治理的模式——政府督导下的行业自律和个人自治相结合的综合治理。何明升在《中国网络治理的定位及现实路径》⑦ 则提出了我国互联网治理状况判断的三个依据，即网络社会存在机制的契合度、现实社会治理体系的嵌入度、法治中国建设的融入度。

邹卫中、钟瑞华在《网络治理的关键问题与治理机制的完善》⑧ 中指出，

---

① 叶敏：《中国互联网治理：目标、方式与特征》，《新视野》，2011 年第 1 期。
② 邓莹：《中国互联网治理理念与能力提升研究》，广西大学硕士学位论文，2016 年。
③ 曹海涛：《从监管到治理——中国互联网内容治理研究》，武汉大学博士学位论文，2013 年。
④ 金蕊：《中外互联网治理模式研究》，华东政法大学硕士学位论文，2016 年。
⑤ 王慧芳：《中日互联网治理比较研究》，中国矿业大学硕士学位论文，2014 年。
⑥ 张东：《中国互联网信息治理模式研究》，中国人民大学博士学位论文，2010 年。
⑦ 何明升：《中国网络治理的定位及现实路径》，《中国社会科学》，2016 年第 7 期。
⑧ 邹卫中、钟瑞华：《网络治理的关键问题与治理机制的完善》，《科学社会主义》，2015 年第 6 期。

网络治理在中国正在经历以管制治理为主、拓展技术治理的适用范围、引入和发展多元合作治理的阶段。面对多头管理、分段监管、职能交叉和效率不高的弊端，网络的开放性与有效性之间的张力成为网络治理的关键问题。增强法制引领和规范网络行为的根本性作用，完善开放式监管体制，以合作治理替代多头管理，强化网络治理行为体的责任，以协同治理代替分段监管，是完善网络治理机制的主要路径。钟忠在《中国互联网治理问题研究》中认为"不阻碍反利于互联网发展""协调好公私权利"是现阶段我国互联网治理的两大原则。[①]曾润喜、徐晓林在《变迁社会中的互联网治理研究》中强调"网络协商民主"是目前我国互联网治理的一种良好方式。[②] 陈丽丽的《论网络社会秩序监控体系的构建：网络监控体系"三三制"模型的提出》提出由信源—政府—法律、信道—网站—技术和信宿—网民—道德三个维度构成的三三制治理体系。[③] 唐秋伟把"网络治理"分为共享的参与治理、领导组织治理和网络行政组织治理三种形式。[④] 段忠贤的《网络社会的兴起：善政的机会与挑战》认为参与型、放松式、弹性化和服务型的互联网治理模式将受到关注和重视。[⑤] 符永涛、刘飚的《网络虚拟社会的管理模式创新》提出互联网的"整合性管理模式"，建立政府主导与社会参与的协同管理。[⑥] 俞国娟在《构建舆论引导"1＋5"模式　提高虚拟社会管理水平》中提出"1＋5"模式，兼有舆论引导模式和网络社会管理模式的双重特征。[⑦] 谢俊贵的《中国特色虚拟社会管理综治模式引论》提出构建和实行虚拟社会管理综治模式的建议。[⑧] 高献忠则在《社会治理视角下网络社会秩序生成机制探究》中提出协同治理模式，即建构主体多元、手段

① 钟忠：《中国互联网治理问题研究》，金城出版社，2010年版，第2－3页。

② 曾润喜、徐晓林：《变迁社会中的互联网治理研究》，《政治学研究》，2010年第4期。

③ 陈丽丽：《论网络社会秩序监控体系的构建：网络监控体系"三三制"模型的提出》，《现代情报》，2010年第8期。

④ 唐秋伟：《网络治理的模式：结构、因素与有效性》，《河南社会科学》，2012年第5期。

⑤ 段忠贤：《网络社会的兴起：善政的机会与挑战》，《电子政务》，2012年第10期。

⑥ 符永涛、刘飚：《网络虚拟社会的管理模式创新》，《广东社会科学》，2012年第6期。

⑦ 俞国娟：《构建舆论引导"1＋5"模式　提高虚拟社会管理水平》，《理论与实践》，2012年第1期。

⑧ 谢俊贵：《中国特色虚拟社会管理综治模式引论》，《社会科学研究》，2013年第5期。

多样、机制自律、他律和自律相耦合的系统管理体系。①

同时，对中国互联网治理进行动态跟踪研究和介绍。如中国信息化发展报告课题组编写的《网络与治理中国信息化发展报告（2015）》② 就以"网络与治理"为主题，研究网络与治理之间的相互关系和影响机制，跟踪研究了网络基础设施的发展与治理、互联网金融的创新与治理、电子商务治理、网络环境下的社会治理、网络环境下的政府治理、互联网信息内容传播的治理、信息安全与隐私保护的治理、网络时代的环境治理、国际互联网治理发展的现状、挑战与思路等 8 个板块内容。中山大学张志安主编的《互联网与国家治理年度报告（2016）》③ 认为目前中国是"政府主导下的多元治理"模式，并从网络舆论场调适、互联网内容生产、互联网法治发展、互联网治理模式、互联网基层治理、国际互联网治理等 6 个层面探索互联网治理的发展路径和创新机制。中国互联网络信息中心发布的《国家信息化发展评价报告（2016）》④ 较为科学评价中国信息化发展水平，并进一步总结发展经验、提出发展策略，为研究中国互联网治理客观评估了技术条件和环境。中国互联网络信息中心每半年发布一次的《中国互联网络发展状况统计报告》为研究中国互联网治理提供了较为翔实的基础数据和技术信息。

三是从提升执政能力的角度来研究执政党的互联网治理，提出了"网络执政能力"的概念。⑤ 滕明政的《科学理解网络执政能力内涵》⑥ 认为，网络执政能力是中国共产党执政能力的重要组成部分，是指中国共产党娴熟运用网络

---

① 高献忠：《社会治理视角下网络社会秩序生成机制探究》，《哈尔滨工业大学学报（社会科学版）》，2014 年第 3 期。

② 中国信息化发展报告课题组：《网络与治理：中国信息化发展报告（2015）》，电子工业出版社，2015 年版。

③ 张志安主编：《互联网与国家治理年度报告（2016）》，商务印书馆，2016 年版。

④ 中国互联网络信息中心：《国家信息化发展评价报告（2016）》，http：//www. cnnic. net. cn/hlwfzyj/hlwxzbg/hlwtjbg/201611/t20161118_ 56109. htm，2016 - 11 - 18。

⑤ 除了下文提到的成果之外，还有滕明政、陈先奎的《新形势下加强党的网络执政能力建设的原因探析》（《青岛市委党校学报》，2012 年第 4 期），王峰的《网络执政能力亟待加强》（《当代贵州》，2009 年第 2 期），张淑萍、马立顺的《网络时代语境下提升党的网络执政能力探析》（《中共南京市委党校学报》，2015 年第 3 期）等。

⑥ 滕明政：《科学理解网络执政能力内涵》，《党政干部学刊》，2012 年第 8 期。

平台，科学判断网络舆情，及时倾听群众心声，反映群众诉求，破解群众难题，正确引导舆论导向，积极发展电子党务等能力。薛小荣在《网络党建能力论：信息时代执政党的网络社会治理能力》① 一书中从提升信息时代执政党的网络社会治理能力角度指出，作为执政党要增强信息时代的党务管理能力、声誉维护能力、媒介交流能力、意见表达能力、舆情引导能力、组织凝聚能力。叶敏的《网络执政能力：面向网络社会的国家治理》② 基于网络的建设、管理和应用三个层面提出：在建设方面，要以信息强国为战略目标，继续加大科研投入，优化技术创新；在管理方面，要强化互联网主权意识，树立服务理念，发挥网络软管理效能；在应用方面，充分利用网络资源，推进政务的信息化发展，营造民主的网络文化氛围，最终提升党的网络执政能力。于华、史焕高在《加强政府网络执政能力建设：从国家治理体系和治理能力现代化角度》③ 中指出，网络执政是新时期我国党和政府执政的新形态。加强网络执政能力建设，是推进国家治理体系和治理能力现代化的题中应有之义。网络执政拓宽了传统意义上社会治理的领域和范围，创新了社会治理的方式方法，丰富了社会治理的内容，提高了社会治理的效率。但同时也对政府的执政水平和能力带来巨大的挑战。因此，各级政府从提升自身网络执政能力出发，把握网络执政规律，重视意识形态工作，以应对来自网络的重大非传统安全挑战。江胜尧在《论互联网发展态势与党的网络执政能力建设》④ 中指出，以互联网为代表的信息化技术的发展给传统的政治生态带来了很大的冲击，但也为党开拓了获取优质执政资源的新渠道，创新了执政方式。伴随着互联网的发展，不论是在执政环境还是在执政理念上都发生了翻天覆地的变化，因此党的执政能力建设也必须有更高的标准和要求。在我国，作为执政党的中国共产党，也必须顺应网络政治发展

---

① 薛小荣：《网络党建能力论：信息时代执政党的网络社会治理能力》，时事出版社，2014 年版。

② 叶敏：《网络执政能力：面向网络社会的国家治理》，《中南大学学报（社会科学版）》，2012 年第 5 期。

③ 于华、史焕高：《加强政府网络执政能力建设：从国家治理体系和治理能力现代化角度》，载于《党政研究》，2014 年第 4 期。

④ 江胜尧：《论互联网发展态势与党的网络执政能力建设》，《理论月刊》，2013 年第 2 期。

的新潮流，创新执政思维，与时俱进，充分发挥互联网优势，不断推进网络技术在党的建设领域的运用，充分体现党的先进性建设。

需要指出的是，从执政能力的角度研究与从国家治理的角度研究既有密切联系，又有较大区别。作为执政党，中共的网络执政能力提升毫无疑问能够有助于国家治理现代化，但是，执政能力角度研究的对象是执政党本身，而国家治理角度研究的对象是互联网治理这一政治实践，两者有明显的差异。此外，从国家治理的角度研究互联网治理比从党建的角度研究范畴要更加宽泛。

第二，在越南互联网治理研究方面，中国国内成果很少，仅有寥寥几篇文献，而且十分零散，多以新闻报道和时事介绍为主（其中以介绍越南信息技术和信息产业发展的文献居多），缺乏深入的理论研究和系统成果，也缺乏对越南互联网治理模式的概括总结。

易文著《越南革新时期新闻传媒研究》① 对革新时期越南传媒做了较为全面的研究，详细叙述了越南近二十余年新闻传媒发展演变的轨迹和动力因素，指出了越南传媒的发展方向。但是该文重点放在大众传媒尤其是报纸的政治角色和功能上，对越南互联网发展和互联网治理仅做了一点涉及和初步介绍，没有形成完整的结论和经验总结。

陈胜辉、孙文桂《中国与越南互联网发展比较研究》② 系统比较分析中越两国互联网发展基础资源、网民、应用等方面的优势和劣势，指出中越两国在互联网领域的合作有着广阔的发展前景。就中越两国之间互联网发展比较分析而言，具有一定借鉴意义，但未能就互联网治理做更多论述。

何霞的《越南电信发展与政府管制》③ 介绍了 2000 年前后越南互联网发展水平和政府管制互联网的主要措施。张建中《越南互联网发展现状》④ 介绍了越南互联网发展的最新情况和越南政府的互联网治理。《越南网络：市场与管

① 易文：《越南革新时期新闻传媒研究》，上海大学博士学位论文，2010 年。
② 陈胜辉、孙文桂：《中国与越南互联网发展比较研究》，《广西青年干部学院学报》，2011 年第 6 期。
③ 何霞：《越南电信发展与政府管制》，《邮电企业管理》，2002 年第 3 期。
④ 张建中：《越南互联网发展现状》，《传媒》，2014 年 9 月（上）。

控》《越南最严互联网管制真像》《服务于政府的越南网络水军》等文章则详细
介绍了 2013 年越南政府加强互联网管理的"72 号令"的背景与影响，凸显了社
会主义国家互联网发展和国家安全之间的紧密联系。崔向升在《越南"革新"
背后的底线》① 中指出，越南执政党对互联网的管理十分严格，一方面倡导政
治革新，另一方面大力肃清其他政治势力在互联网上的反政府宣传。周季礼的
《越南信息安全建设基本情况》② 和《2014 年越南网络空间安全发展综述》③ 较
为详细地介绍了 2013 年、2014 年越南网络空间发展情况、网络空间的安全态势
以及网络空间的发展举措，对了解近期越南互联网安全较有参考价值。

　　黄友兰、陶氏幸、余颜在《越南电子信息产业发展的机遇与挑战》④ 中指
出：近年来，由于劳动力成本较低，加之区域文化底蕴深厚，产品需求不断增
大，使得国外企业对于越南电子信息产业的投资不断增多，国际代工规模进一
步扩大，最终促进了越南电子信息产业的高速发展。但同时，受到缺乏核心技
术、财力有限等问题的制约，导致越南电子信息产业的发展规模无法与发达国
家相比拟，企业竞争力也大打折扣。梁俊兰和付青在《越南的信息技术教育》⑤
中指出，由于多种原因，越南的信息技术教育受到影响，信息技术人力资源指
标落后于其他周边国家。对此，越南政府制定了多项国家政策，并采取了相应
的措施，这对提高信息技术教育水平和国民的信息技术素养，以及提高国际竞
争力起到了积极的作用。何小燕的《越南信息产业发展现状与态势》⑥ 比较系
统梳理了 20 世纪 90 年代越南信息产业起步的原因以及发展前景。陈化南的
《前进中的越南信息通信业》⑦ 介绍了近期越南鼓励信息通信业发展的一系列举

---

① 崔向升：《越南"革新"背后的底线》，《青年参考》，2013 年 2 月 6 日 7 版。
② 周季礼：《越南信息安全建设基本情况》，《中国信息安全》，2013 年第 8 期。
③ 周季礼：《2014 年越南网络空间安全发展综述》，《中国信息安全》，2015 年第 4 期。
④ 黄友兰、陶氏幸、余颜：《越南电子信息产业发展的机遇与挑战》，《重庆邮电大学学报
　（社科版）》，2013 年第 5 期。
⑤ 梁俊兰、付青：《越南的信息技术教育》，《国外社会科学》，2004 年第 5 期。
⑥ 何小燕：《越南信息产业现状发展现状与态势》，《东南亚研究》，1997 年第 4 期。
⑦ 陈化南：《前进中的越南信息通信业》，《卫星电视与宽带多媒体》，2012 年第 24 期。

措。朱岩的《越南 IT 产业发展现状及展望》① 梳理了越南信息产业 2006—2010 年取得的成绩，并对 2015—2020 年越南信息产业发展前景进行了积极预测。王健的《越南未来 10 年着力打造信息技术工业》② 指出，至 2025 年，越南信息技术工业将变成经济高速、稳定发展、营收高、出口价值大的行业，这是至 2020 年越南信息技术工业发展计划的目标，也是至 2025 年的远景规划。

　　总的来看，越南互联网治理研究并未在国内学术界引起足够重视，在国内越南问题研究中也很难看到关于其互联网治理研究的学术报告和理论文章。这一方面证明越南的互联网发展和治理水平总体上不及中国（关于越南政治革新的研究成果却非常丰富），因而学术研究关注度不够；另一方面也印证了本书开展此类研究的必要性。

0.3.2　国外研究现状综述

　　国外学者（尤其是西方学者）20 世纪 90 年代以来对社会主义国家互联网发展给予高度关注，集中于某些国家的个案研究成果不少，为我们继续深入研究提供了重要的学术基础。但是，西方学者的研究视野比较偏狭，往往聚焦在互联网发展与社会主义政权、互联网发展与西方民主价值观传播等领域。同时，西方学者的研究立场比较固定，往往是站在西方资本主义国家立场上，批评和质疑社会主义国家对互联网的管理和运用。

　　第一，在互联网治理理论和互联网全球治理研究方面。对于新生事物的全面认识总会经历一段相对痛苦的时期，互联网治理方面也是如此。在互联网发展初期，在互联网治理的方面，持反对意见的学者占相当大的一部分，他们认为互联网应不受任何权力机关的制约而自由开放的发展，否则就失去了互联网原有的价值。"网络的虚拟化不能等同于现实社会"是他们持反对意见的主要理由。1996 年约翰·巴罗在《网络空间独立宣言》中则直接将互联网治理界定为

---

① 朱岩：《越南 IT 产业发展现状及展望》，中国经济网，http：//intl. ce. cn/specials/zxgjzh /201312/09/t20131209_ 1884972. shtml，2013 - 12 - 09。

② 王健：《越南未来 10 年着力打造信息技术工业》，中国日报网，http：//www. chinadaily. com. cn/hqgj/jryw/2015 - 03 - 27/content_ 13451172. html，2015 - 03 - 27。

技术问题，互联网可以自身治理，政府不能参与其中，否则结果只能是毁掉互联网。① 尼古拉斯·尼葛洛庞帝在《数字化生存》中则明确指出"法律是在原子世界里构想并为之服务的，它不应当存在于互联网空间"。②《连线》杂志记者凯文·凯利也认为"互联网是世界上最大的运转正常的无政府组织，没有人控制互联网，也没有人为之负责，它可以自己转动而不需要多少管理或者检查"。③ 根据他们的观点，政府干预的唯一后果就是扼杀互联网空间中的创造与革新。

随着互联网问题的不断涌现和学术研究的进一步深入，国外学术界对互联网治理问题有了新的认识，但是对于如何治理，学者们有不同的见解。劳伦斯·莱斯格在《代码》一书中写道："代码"即互联网的"法律"，互联网上的活动受到其使用的代码的限制，对代码的控制就是对互联网的控制。④ 在著作中充分体现了劳伦斯主张政府对互联网治理的观点，并从法律、社会、市场上方面详细阐述了对互联网治理的内容。凯斯·桑斯坦在《网络共和国：网络社会上的民主问题》中肯定了互联网对于人们获取信息带来的巨大帮助，尤其能够满足人们对于信息的个性化需求，但同时也指出了互联网信息窄化对多元化社会发展趋势所产生的负面影响。在此基础上，他认为政府应加强对互联网的治理，营造多元化发展的网络环境。⑤ 与此同时，他还特别强调政府对互联网的管制应把握好度量，过严会适得其反，最终提出了民主协商的方式来决定互联网信息管制的范围。学者史蒂芬斯则认为确立正确的人生价值观是遏制网络犯罪最根本的方法，比立法和技术创新更为有效。⑥

基于个人主义文化和代议制民主等社会背景，国外学者对互联网治理模式

---

① John Perry Barlow, "*A declaration of the independence of cyberspace*", https：//www. eff. org/ cyberspace – independence, 2014 – 03 – 08.

② ［美］尼古拉斯·尼葛洛庞帝：《数字化生存》，胡泳译，海南出版社，1997 年版。

③ K Kelly, *Out of Control*: *the New Biology of Machines*, *Social Systems and Economic World*, Basic Books, 1995.

④ ［美］劳伦斯·莱斯格：《代码》，李旭等译，中信出版社，2004 年版，第 4 页。

⑤ ［美］凯斯·桑斯坦：《网络共和国：网络社会上的民主问题》，黄维明译，上海人民出版社，2003 年版，第 96 页。

⑥ G Stephens, *Crime in Cyberspace*, Futurist, 1995.

进行了概括。丹麦学者伊娃·索伦森总结了"自我构建的不介入方式""故事叙述式的不介入方式""支持与促进式的介入方式"和"参与式的介入方式"四种互联网治理模式。① 丹伯格提出了自由主义、社群主义和协商民主三种理想模式。② 英国的西敏寺模式被认为是从新公共管理转向地方互联网治理的范式，而欧盟的多层级治理模式则被看作跨国互联网治理的典型。③ 穆勒认为要寻求互联网治理的出路，必须构建更为完善的网络化治理方式，成立全球性的跨国治理机构。④

第二，在中国互联网治理研究方面。很多西方学者对中国互联网治理做过相关的研究，分析了互联网的兴起对中国政治产生的重大影响。例如，纽曼尔·卡斯特的《网络社会：跨文化的视角》⑤、杰恩·戴姆和斯莫纳·托马斯的《中国网络空间：技术变革与政治影响》⑥ 等。总体而言，西方学界对中国互联网治理政策大多持批评态度。由于政治立场根本不同，再加上研究角度存在差异，即使有些评论存在一定合理性，但最终结论往往存有偏颇，有失公允。

郑永年在《技术赋权：中国的互联网、国家与社会》⑦ 中运用互联网对国家和社会关系进行了详细研究，从"国家—社会关系"层面，分析了互联网技术的发展对我国产生的巨大影响，并深入探讨了如何通过网络公共空间促进国家和社会相互作用，进而对中国政治产生影响。

---

① Eva Sorensen and Jacob Torfing, *Theories of Democratic Network Governance*, Palgrave Macmillan, 2008.

② 曾润喜：《中国互联网虚拟社会治理问题的国际研究》，《电子政务》，2012 年第 9 期。

③ 张康之、程倩：《网络治理理论及其实践》，《新视野》，2010 年第 6 期。

④ [美] 弥尔顿·L. 穆勒：《网络与国家：互联网治理的全球政治学》，上海交通大学出版社，2015 年版，第 326 页。

⑤ 纽曼尔·卡斯特：《网络社会：跨文化的视角》，社会科学文献出版社，2009 年版，第 78 页。

⑥ Jens Damm and Simona Thomas, *Chinese Cyberspaces: Technological Changes and Political Effects*, Taylor and Francis, 2009.

⑦ Yongnian Zheng, *Technological Empowerment: The Internet, State and Society in China*, Stanford University Press, 2007.

杨国斌的《中国互联网的力量：在线公民行动》① 独辟蹊径运用了"抗议政治"的框架对 20 世纪 90 年代中期以来互联网在中国的发展进行分析，为全面认识互联网的兴起与发展对我国政治的影响提供了崭新的视角。

第三，在越南互联网治理研究方面。越南学者的研究成果比较丰硕。陈氏美河撰写的《越南互联网管理模式探析》② 将越南互联网管理划分为严格控制、推动普及、促进发展三个阶段，指出越南互联网管理存在的法律不健全、分类标准不统一、信息安全面临挑战、管理人才缺乏等问题，提出了相应的策略与建议。该文比较全面地阐述了越南政府的互联网管理状况和问题，但是深度依然不够，未能结合政治经济背景深入分析论证越南互联网管理模式的客观现实性。Le Mai Huong 在《第三条道路：一党制的越南如何应对互联网兴起》③ 中分析了互联网兴起和越南政府的互联网管理政策对经济社会的影响，作出了越南将采用"第三条道路"进行互联网治理的基本判断。Jonathan Boymal 等人的《越南互联网发展政策的政治经济学》④ 分析了 20 世纪 90 年代以来越南互联网政策的演变，认为其政策的主导思想是政治现实主义而非经济现实主义，这在一定程度上阻碍了互联网经济的快速发展，政府需要进一步放松管制和鼓励市场竞争。

Phuong V. Nguyen 等人的《越南胡志明市的 3G 移动网络》⑤ 一文从网络技术应用的角度指出越南大城市（胡志明市为代表）中互联网的迅速发展、网民的上网偏好以及资费标准。Tuyen Thanh Nguyen 等人的《越南的电子政务：从无

---

① Guobin Yang, *The Power of the Internet in China*: *Online Citizen Activism*, Columbia University Press, 2009.

② ［越］陈氏美河：《越南互联网管理模式探析》，华南理工大学硕士留学生学位论文，2011 年。

③ Le Mai Huong, *A Third Way*: *How Vietnam's One Party State Is Managing The Internet Boom*, La Trobe University, Master Thesis, 2015.

④ Jonathan Boymal, Bill Martin and Dieu Lam, *The political economy of Internet innovation policy in Vietnam*, Technology in Society29, 2007.

⑤ Phuong V. Nguyen, Phuong M. To, Van T. T. Bui and An T. H. Nguyen, *Understanding 3G Mobile Service Acceptance in Ho Chi Minh City*, *Vietnam*, International Journal of Business and Management, Vol. 10, No. 4, 2015.

所作为到回应式政府服务》① 通过数据分析和调查访谈，考察了越南的互联网普及率和百姓使用互联网的习惯以及越南电子政务发展的优势与劣势，提出必须加大互联网普及率和网络教育，才能建设高效的电子政务。Nguyen Manh Hien 的《越南和日本电子政务发展比较研究》② 指出，尽管越南已经认识到发展电子政务的重要性，但是依然缺乏战略视野、长远规划和稳定政策，需要借鉴日本经验大力发展电子政务，促进公共服务、民主政治和与民众的互动交流。越南信息通讯部发布的《越南信息通讯技术白皮书》③ 较为全面地介绍了越南信息技术发展现状和相关数据。但是从越南信息通讯部网站上来看，白皮书发布到 2014 年，缺少近三年越南官方发布的相关信息。

杜氏贤的《越南网络媒体十五年的发展研究》④ 较为全面回顾了 1997 年—2012 年间越南网络媒体的发展历程、组织运营和社会影响，从一个侧面分析了越南互联网治理存在的问题和出路。黄明贤在《社交媒体对越南电子报刊内容的影响》⑤ 中从新闻传播学的角度论述了网络社交媒体对电子报刊信息采集和刊发的影响，提出为平台上不适宜传播的社交内容建立过滤机制的建议，有助于对越南网络信息舆论治理的理解和分析。黄乔绒的《社交网络对新闻网站的影响研究》⑥ 指出，Facebook 等社交网络超越时空限制迅速分享消息的信息传播形式已经深刻影响到传统媒体甚至是新闻网站的新闻生产流程，为越南的互联网治理增添了新的变数。

---

① Tuyen Thanh Nguyen and Don Schauder, *Grounding E – Government in Vietnam：from Antecedents to Responsive Government Services*, Journal of Business Systems, Governance and Ethics, Vol. 2, No. 3, 2007.

② Nguyen Manh Hien, *A Comparative Study on Waseda e – Government Indicators Between Vietnam and Japan*, Proceedings of the European Conference on Information Management, 2013.

③ 越南信息通讯部网站："《越南信息通讯技术白皮书》（从 2009 年到 2014 年）", http：//english. mic. gov. vn/Pages/ThongTin/115426/White – book – Vietnam – Infomation – Communication – Technology. html. 2017 – 08 – 10。

④ 杜氏贤：《越南网络媒体十五年的发展研究》，广西大学硕士学位论文，2015 年。

⑤ 黄明贤：《社交媒体对越南电子报刊内容的影响》，吉林大学硕士学位论文，2016 年。

⑥ 黄乔绒：《社交网络对新闻网站的影响研究——以越南 VnExpress 与 VietNamnet 新闻网站为例》，西南大学硕士学位论文，2015 年。

陈奉庭在《当代越南大学生理想信念教育研究》① 中指出，网络信息对越南大学生思想价值观形成产生了重要影响，要加强对网络信息的管理，培养大学生对网络信息的辨别能力。此外，黄氏娇媚的《网络传播对越南青年消费行为的影响》② 立足于网络传播对青年人消费行为产生的作用，探讨了越南互联网经济发展的前景和方向。沈舒翠的《汉越网络聊天语言对比研究》③ 比较了中国越南网民聊天中使用的语言，分析了汉越网络聊天语言对传统语言、青少年和教师、家长带来的积极消极影响。

西方学者和日韩学者对越南互联网治理研究较为关注，产生了一批作品。彼得·史密斯等人《越南的互联网技术发展》④ 报告，评估了截至 2003 年为止的越南互联网技术发展状况，指出了主要的限制性因素，提出了发展战略规划，提供了技术建议和支持，是研究早期越南互联网发展的重要资料。Grant Boyle 在《国际化视野中的互联网发展：越南的案例》⑤ 考察了 21 世纪互联网在越南发展的激励性因素和限制性因素。Björn Surborg 的《"发展中的进步"？越南的互联网发展》⑥ 从经济发展的角度指出，互联网发展是越南现代化和国际化战略中的一部分，但并不是一种无处不在并广泛使用的技术。互联网的经济角色在于推动经济控制功能由国家领土层面转向由分散的行为体所构成的网络。作者认为，依附论和世界体系理论与互联网研究关系密切，分析层次需要从国家领土单位转向分散的行为主体。Björn Surborg 在《越南的互联网发展与灵活控制》⑦ 一文回顾了越南共产党和政府的互联网管理措施，指出为了达到官方控

---

① 陈奉庭：《当代越南大学生理想信念教育研究》，湖南师范大学博士学位论文，2015 年。

② 黄氏娇媚：《网络传播对越南青年消费行为的影响》，华南理工大学硕士学位论文，2011 年。

③ 沈舒翠：《汉越网络聊天语言对比研究》，吉林大学硕士毕业论文，2016 年。

④ Peter Smith, Llewellyn Toulmin and Christine Zhen – Wei Qiang, *Accelerating ICT Development in Vietnam*, Digest of Electronic Commerce and Regulation 26, 2003.

⑤ Grant Boyle, *Putting the Internet in Context in International Development: A Case of Institutional Networking of Vietnam*, Master Thesis, The University of British Columbia, 2001.

⑥ Björn Surborg, *Is it the "Development of Underdevelopment" all over again? Internet Development in Vietnam*, Globalizations, Vol. 6, No. 2, 2009.

⑦ Björn Surborg, *On – line with the people in the line: Internet development and flexible control of the net in Vietnam*, Geoforum 39, 2008.

制政治权力同时不影响经济发展的目的，越南会出台相对严格但却比较灵活的互联网管理制度。埃德蒙·马莱斯基在《2013 年的越南：互联网时代的一党政治》① 探讨了越南博主、网民、意见领袖如何通过互联网参与宪法修改，以及给越共执政造成的压力和挑战。相类似的，詹森·莫理斯·郑在《越南的网上请愿运动》② 中指出，伴随着互联网的发展和普及，越南的网上请愿运动成为政治民主运动的重要标志，对越共的政治领导和意识形态产生冲击。尼娜·哈奇格恩在《互联网和东亚一党制政权》③ 一文中，分析了朝鲜、缅甸、中国、越南、新加坡、马来西亚五国的互联网发展和政府管理，将其分为"完全控制""有限控制"和"相对开放"三种类型，并分析了形成这些复杂类型的国内国际因素。

0.4　研究的主要方法

0.4.1　马克思主义的立场、观点与方法

研究中国越南互联网治理问题，必须坚持马克思主义的立场与观点、辩证唯物主义和历史唯物主义的方法。伴随着信息社会的快速发展，人们对互联网的认识也越来越深入，把互联网仅仅看作是技术现象的时代已彻底过去。而现阶段，世界上各个国家对互联网治理的重视程度逐渐提升，当做国家治理的重要内容看待，互联网治理基本制度已成为一种体现国家统治意志和利益要求的政权体制或表现国家权力的社会制度。④ 西方发达资本主义国家互联网发展比

---

① Edmund Malesky, *Vietnam in 2013：Single - Party Politics in the Internet Age*, Asian Survey, Vol. 54, NumberI. pp. 30 - 38.

② Jason Morris-Jung, *Vietnam's Online Petition Movement*, Southeast Asian Affairs, 2015. pp. 20 - 28.

③ Nina Hachigian, *The Internet and Power in One-Party East Asian States*, The Washington Quarterly, 2002. pp. 52 - 60.

④ 何明升：《中国网络治理的定位及现实路径》，《中国社会科学》，2016 年第 7 期。

较早，互联网治理实践比较丰富，掌握了互联网治理的技术权和话语权，获得战略先机和舆论主动。因此，一些西方国家政府和学者从西方本位和西方经验出发，往往批评中国越南等社会主义国家进行网络管制，侵害"网络自由"，压制舆论自由。毫无疑问，这种观点是错误的。得出这种错误观点的原因就是没有采用马克思主义的立场与观点，没有看到中国越南等社会主义国家所面临的国际政治环境因素和社会主义国家互联网发展的历史成就，没有注意到某种程度上恰恰是西方的网络霸权和政治渗透侵害了发展中国家的互联网发展权益，而是站在西方立场上一味苛责和批判。本书在研究中坚持辩证唯物主义和历史唯物主义，尊重客观事实，力求客观地、具体地运用辩证、联系、发展和全面的观点对中国越南互联网治理进行评价，既看到中国越南互联网治理的发展、进步和成绩，也指出面临的问题、局限和挑战，研究互联网发展和治理对中越两国执政党长期执政乃至世界社会主义发展的重大作用和政治意义。"判断历史的功绩，不是根据历史活动家没有提供现代所要求的东西，而是根据他们比他们的前辈提供了新的东西"。① 在对历史事件进行研究时，必须将其还原到当时的历史环境中去看待。

0.4.2　文献研究法

出于研究需要，笔者仔细研读了互联网治理方面的多本教材和专著。并且，搜集到大量的国内外关于中国越南互联网发展和治理的文献资料（中英文），进行了仔细的分类和详细的研究，为本论文的撰写奠定了良好的理论基础。与此同时，笔者还登录了新华网、中国互联网络信息中心、越南信息通讯部等相关职能部门的官方网站，收集到大量的数据性文件，进行仔细甄别，提炼和总结出有益成果为本书的撰写提供了有力的支撑。

在此基础上发现现有成果的局限（主要是研究的系统性、深入性不够和学术研究的"西方视角"、"客观性"不够），将研究提升到新的高度，从中总结

---

① 列宁：《评经济浪漫主义》，载《列宁全集》第 2 卷，人民出版社，1984 年版，第 154 页。

出自身研究的逻辑框架和和基本观点。

0.4.3　历史叙述与逻辑论证相结合

历史与逻辑的关系就是逻辑分析要以历史为基础，而历史的描述要以逻辑联系为依据。按照历史与逻辑统一的方法来开展中国越南互联网治理比较研究，就是从中国越南互联网发展和治理的历史出发，切实理清中国越南互联网发展和治理（20 世纪 90 年代以来）中的若干个发展阶段，每一阶段的内容、特点、路径、问题各不相同，需要深入细致的分析和叙述。同时，结合政治、经济、社会和国际环境因素，评估中国越南互联网治理的现状和判断未来发展趋势。本文综合运用历史学和政治学的方法和材料，坚持历史顺序叙述与逻辑论证相结合，力求使研究成果更加清晰、充分。

0.4.4　比较研究法

比较研究法是对事物异同关系进行比较，以此揭示事物本质的思维过程和方法。运用比较研究法要保证可比性，比较标准统一，比较的范围、项目要一致，比较的客观条件也要相同。本文拟采用求同比较法和求异比较法相结合。求同比较法是指不同事物之间所进行的比较，寻求其共同的规律或者特点。求异比较法是指对类似事物进行的比较，探讨其内在的特殊性。本文就中国越南互联网治理的各方面进行了比较，如互联网治理理念比较、治理模式比较、治理策略比较、治理效果比较、存在问题比较等等。而后，在比较的基础上归纳总结相同和相异之处，并分析存在异同的原因。

0.5　研究的创新与难点

0.5.1　本书的拟创新之处

第一，系统梳理比较中国越南互联网治理的理念、模式和策略。中国互联网治理研究出现了比较多的成果，但是目前国内学术界对越南互联网治理还不甚关注，更少对中国越南两国的比较研究。本书试图从理念、模式、策略三个层次对中越两个社会主义大国的互联网治理之道进行系统比较分析，找到共同点和差异处，并深入分析其中的原因和背景。为客观评估目前的互联网治理效果打下基础，也为两国实现更好地相互借鉴提供参考。

第二，通过对中国越南互联网治理的效果进行比较分析，进一步明确目前的互联网治理理念、模式、策略取得的成效和存在的问题，进一步思考在信息全球化浪潮下，社会主义国家和发展中国家应当实现什么样的信息化发展和互联网治理，执政党在其中需要扮演什么样的角色、采取什么样的战略，如何才能实现互联网良性治理，推进国家治理体系和治理能力的现代化。这些问题是任何处于信息化后发的社会主义国家、发展中国家都回避不了的重大问题。因此，论文从互联网治理的角度思考社会主义国家的国家治理和执政党建设问题，一定程度上拓展了世界社会主义运动研究的视域。

0.5.2 研究的主要难点

第一，研究材料不足，前期基础薄弱。中国作为具有世界重要影响力的社会主义国家和互联网大国，无论是国内还是国外学术界，对中国的互联网治理均给予了充分关注和研究，这是需要肯定的。但是，越南的国际影响力和受到的学术关注就很不够。对越南互联网治理研究多处于事实介绍、一般描述甚至时事新闻层次，很难发现比较有理论意义的学术成果。此外，西方学者的研究成果对中越的互联网治理有比较浓厚的意识形态偏见和结果预设，必须仔细鉴别，谨慎使用。就科社共运学科领域而言，大多数研究集中在社会主义国家的经济发展、政治改革、执政理念、党的建设等领域，从信息化发展和互联网治理角度来研究和分析的前期成果极少。此种情况一方面凸显出此类探究的必要性和创新性，另一方面增加了论文在资料收集和成果借鉴上的难度。

第二，研究语言受限，影响文献搜索和阅读。笔者的研究语言为中文和英文，能够最大限度地搜集中英文相关资料。但是由于不掌握越南语，所以涉及越南方面的研究资料时，尽可能找到相关文献的中文版和英文版（例如越南官方网站的中文版和英文版）。而受越南信息化水平和电子政务发展限制，许多越南官方网站内容只有越南语版，这一定程度上制约了研究。因此，笔者力求充分利用电子数据库资源，深入发掘全球范围内以英文为主要写作语言的研究成果（包括期刊文章、学位论文、研究报告等），弥补研究语言上的短板。

0.6　研究的基本框架

本书总体上按照互联网发展及其影响、中国越南的互联网发展、中国越南互联网治理的理念比较分析、模式比较分析、策略比较分析、效果比较分析、异同原因分析和治理启示等逻辑层次和顺序展开。

第一章题为"互联网发展及其对社会主义国家的影响"。作为概念介绍和历史回顾，梳理了互联网发展的历史脉络、互联网治理的内涵与外延、互联网治理的发展演变，概括了互联网发展和信息化浪潮给社会主义国家带来的挑战和机遇。

第二章题为"中国越南的互联网发展"。介绍了中国越南互联网发展和治理的经济社会背景和历史阶段，归纳总结了中国越南互联网发展和治理中面临的网络意识形态复杂敏感、网络安全问题比较突出、网络信息技术相对落后、网络治理能力亟待提升等典型问题。

第一章和第二章是下一步比较分析的事实基础和概念基础。

第三章题为"中国越南互联网治理理念比较"。理念是行动的先导，互联网治理理念指导着互联网治理实践。本章首先梳理归纳中国互联网治理理念，尤其是习近平互联网治理思想对中国互联网治理理念的重大影响和内容构成；其次梳理归纳越南互联网治理理念；最后比较分析中越互联网治理理念的相同点和不同点。

第四章题为"中国越南互联网治理模式比较"。模式是形成的互联网治理体制机制和管理体系。本章首先梳理归纳中国互联网治理模式，包括顶层设计、多方参与、法治保障、动态治理等；其次梳理归纳越南互联网治理模式；最后比较分析中越互联网治理模式的相同点和不同点。

第五章题为"中国越南互联网治理策略比较"。策略是互联网治理的具体方式方法。本章首先梳理归纳中国互联网治理策略，包括综合治理、手段创新、疏堵结合等；其次梳理归纳越南互联网治理模式；最后比较分析中越互联网治理策略的相同点和不同点。

第六章题为"中国越南互联网治理效果比较"。效果是互联网治理的实践结果。本章首先梳理总结中国互联网治理的成绩和效果；其次概括总结了越南互联网治理的成绩和不足；最后比较分析中越互联网治理效果的相同点和不同点。

第七章题为"中国越南互联网治理异同原因分析"。本章分析了中国越南互联网治理存在相同点和不同点的原因。归结起来，维护国家政权和意识形态安全的政治目标的一致性、面临促进国家经济社会现代化的共同任务、具有发展中国家相似的发展阶段和技术基础等因素导致了中越互联网治理的相同之处；而中国越南经济社会发展水平不同、面临的国际国内环境不同、执政党政治改革（革新）路径不同等因素又导致两国之间互联网治理存在着差异。

第三章到第七章是中国越南互联网治理比较的主体内容，为总结和归纳启示打下基础。

第八章题为"中国越南互联网治理的启示"。本章从更宽广的视界提升中国越南互联网治理比较的结论。指出网络信息化对世界社会主义发展的重大现实意义，应当从社会主义事业兴衰成败的高度重视互联网治理，有力回应西方压力，维护政权安全，推进社会主义国家治理能力现代化。互联网治理要准确把握世情国情党情，不照搬照抄西方国家互联网治理模式。社会主义国家执政党要善于在互联网环境下加强党的建设和执政能力建设。最后，提出要顺应互联网发展和治理趋势，以科学的态度、发展的眼光把握互联网治理中存在的问题，并进一步指出改进互联网治理的基本思路。

第1章　互联网发展及其对社会主义
国家的影响

在人类发展历史进程中，农业革命、工业革命、信息革命先后发生。每一次技术革命都深远地影响了人类社会的发展进步。从 20 世纪八九十年代开始，以网络信息化为龙头的新科技革命促进了人类社会的新变革，开拓了人类活动的虚拟空间，带来了国家治理和社会治理的新议题，大大提升了人类的文明程度和认识、改造世界的能力。① 伴随着互联网发展的一日千里，如何最大限度发挥互联网正效应，规避互联网副作用，即实现互联网良性治理成为各国关心的话题。西方发达国家互联网技术领先，互联网普及率高，首先对治理问题进行了积极探索和研究总结。社会主义国家作为互联网世界的后来者，面临着网络信息化的严峻挑战，在信息技术变革、组织管理模式、宣传思想工作、党和政府治国理政等多方面经受互联网发展的新考验。同时，网络信息化对生产力的促进、对社会主义思想理念的传播和对构建新社会形态的积极作用，也为社会主义国家和世界社会主义运动带了新机遇。

---

① 习近平：《在第二届世界互联网大会开幕式上的讲话》，新华网，http：//news. xinhua-net. com/world/2015－12/16/c_ 1117481089. htm，2015－12－16.

1.1　互联网发展与治理

1.1.1　世界互联网发展

互联网①是以计算机为载体的网络。1946 年，莫奇来（W. J. Mauchly）教授及其爱徒爱克特（W. J. Eckert）在美国宾夕法尼亚大学研制了世界上首台电子计算机，宣告了一个新时代的来临，揭开了人类使用计算机的序幕。随着计算机技术的成熟发展，互联网逐渐进入民用领域，在世界范围内走进千家万户。

其实，更确切地讲，互联网是冷战的产物。1969 年，为了更好地将美国从事军事分析和科学研究的电脑连接在一起，美国国防部高级研究项目局（AR-PA）研发了阿帕网（ARPANET），即今天互联网的雏形。当时阿帕网仅供美国军方人员和科研人员专用，使用范围极为有限。随后，美国军方将阿帕网连接了 4 个计算机中心，形成多网互联的基本结构，成为阿帕网演变为互联网的重要里程碑。

从 20 世纪 80 年代初开始，美国的互联网逐渐普及发展。1983 年，通信协议"NCP（网络控制协议）"被"TCP/IP（传输控制协议/互联网协议）"所取代，成为全球互联网（Internet）诞生的重要标志。1991 年，万维网（World

---

① Eric Hall 在《互联网核心协议：精确指南》中将互联网定义为"一个全球互联网计算机的网络，其中任一台计算机的用户可以与网络上的其他计算机进行联络"。Hawkison 也认为互联网就是一个"计算机网络的集合"。这两种论述只是将互联网看作是通过一定的技术手段，将世界各地的计算机连接在一起的网络，只强调互联网的技术，而忽略了互联网的社会应用。1995 年，联合网络委员会认为，互联网指的是全球性的信息系统："（1）通过全球性的唯一的地址逻辑连接在一起。这个地址是建立在'网络协议'（IP）或今后其他协议基础之上的。（2）可以通过'传输控制协议'和'网络间协议'（TCP/IP），或者今后其他接替的协议来进行通信。（3）可以让公共用户或者私人用户使用高水平的服务。这种服务是建立在上述通信及相关的基础设施之上的"。这一含义不仅概述了互联网运行的技术基础，更涉及互联网发展的目的及其动力：社会的需求及应用。

Wide Web）及简单的浏览器由欧洲粒子物理研究所科学家提姆·伯纳斯李研发成功，更加便利互联网向社会推广普及。1993 年，互联网浏览器 Mosaic 由美国伊利诺伊大学研发并投入商业领域，助推了互联网用户的激增。

互联网的商业化从 20 世纪八十年代后期开始启动。各国发现，在经济全球化、信息全球化浪潮下，互联网的经济价值、社会价值决不能轻视，应当从政府层面对其发展和治理进行统筹规划，并着手建立本国的互联网络。1993 年，美国率先启动"信息高速公路计划"（即"国家信息基础设施（NII）行动计划"），在全球范围内起到了巨大的示范带动效应。随后，欧盟出台"欧洲信息空间（EIS）计划"，加拿大耗资 7.5 亿加元启动信息高速公路建设计划，日本决定建设"信息研究及流通新干线网"，韩国也斥巨资建设信息高速公路。1993年，时任国务院副总理朱镕基提出建设国家公用经济信息通信网（"金桥网"），成为中国启动网络信息化建设的历史标志。世界范围内出现的信息高速公路建设热潮，极大地促进了互联网的发展。

21 世纪以来，互联网发展日新月异、迭代加快，第二代互联网（Web2.0）已经彻底取代了第一代互联网（Web1.0）成为互联网新形态。Web2.0 的特点在于网民不仅能浏览信息，还能主动生产和发布信息，相互交互分享和使用信息，成为信息的大众"生产者"和"传播者"，获得了互联网空间的"主体地位"和"重要身份"，近年来网民人数出现爆炸式增长。根据世界互联网数据网站统计，截止到 2016 年 6 月，全球网民达到 36.75 亿，互联网普及率为 50.1%，2000 年到 2016 年网民增长了 918.3%。①

1.1.2 全球互联网治理

西方的"治理"（Governance）概念原为控制、引导和操纵之意。20 世纪 90年代以来，西方学者使用"治理"一词，更多强调政府向社会放权和授权，希望弱化政府权力，秉持多主体、多中心治理等主张，实现社会自治以及政府与

---

① 世界互联网数据网站："*The Internet Big Picture*"，http：//www.internetworldstats.com/stats.htm.2017 - 07 - 30。

社会的平等共治，具有典型的"社会中心主义"取向。①

在最初阶段，一般用"互联网规制"或"互联网监管"来描述对互联网领域活动的规范。但是，"规制"和"监管"的强制色彩过于明显，主要表现为：政府是互联网"规制"和"监管"的主体，具有重要的主导权；权力运行的方式是自上而下的、单向度的；网民、企业和社会组织只能被动接受政府的监管和规制，基本发挥不出各自作用；主要使用国家行政权力和行政手段。事实证明，"规制"和"监管"的措施与互联网的开放性、全球性、匿名性、快捷性等基本属性之间存在巨大的张力和冲突，很难采用自上而下的金字塔模式和单向度发号施令来规范互联网领域。在共同治理理论的基础上，通过更加民主、多元、包容和自律的方式来规范互联网发展，实现互联网领域的管理思维和方式方法转变，或许是符合互联网发展潮流的可行之道。因此，"互联网治理"逐渐成为一个能够被接受并广泛使用的概念。②

2005 年，联合国互联网工作小组对互联网治理（Internet Governance）③ 进行了定义，即互联网治理是政府、私营部门和公民社会组织在发挥各自角色的基础上共同发展和应用一致的原则、规范、规则、共同制定政策以及发展和开展各类项目的过程，其目的是促进互联网的发展和使用。

虽然不同历史阶段对互联网治理的理解不同，但就具体实践而言，均是国际社会各方着眼于互联网发展的技术与社会双重属性，对相关问题进行国际协调与合作的实践活动。总体而言，互联网治理实践迄今大体可划分为两大

---

① 王浦劬：《国家治理、政府治理和社会治理的含义及其相互关系》，《国家行政学院学报》，2014 年第 3 期。
② 王慧芳：《中日互联网治理比较研究》，中国矿业大学硕士毕业论文，2014 年，第 15 页。
③ 2005 年 6 月，联合国互联网工作小组（WGIG）在广泛征求各政府及相关组织观点的基础上，在其工作报告中对"互联网治理"（IG）做出的工作定义（Work Definition）。而《网络与治理：中国信息化发展报告（2015）》认为，"互联网治理"可以被界定为：以促进信息社会发展为目标，各国政府、私营部门和公民社会等网络空间行为主体从互联网技术架构维护、互联网资源管理、互联网空间规则制定三个维度开展互联网事务的国际合作与协调。

阶段。①

第一阶段：技术治理阶段。20世纪90年代是互联网技术迅速发展的初期，主要被高校和科研机构用于数据与信息的传输，社会化程度不高，但互联网的优势却引起了社会的关注。在此阶段中，对于互联网的认知仅仅局限于技术层面，而治理仅限于技术架构，因此，亦被称为"技术中心"模式，呈现以下特点：

一是参与主体多元，但以私营部门为主导。此时的治理界普遍弥漫"网络自由主义"思想，反对政府介入互联网事务，担心其"强权""官僚"损害网络平等、开放的基本架构。因此，虽然治理的参与主体由政府、私营部门、民间团体和个体组成，但私营部门发挥绝对主导作用。

二是治理机构以技术协调与管理机构为主。无论是国际层面的IETF（互联网工程任务组）、ICANN（互联网名称与数字地址分配机构），还是地区层面的CENTR（欧洲国家顶级注册管理机构委员会）、APNTC（亚太互联网信息中心）等机构，其主要职能就是着眼于标准制定与技术推进。

三是互联网技术架构、应用功能为主要关注点，包括域名系统和互联网协议地址管理、根服务器系统管理、技术标准管理、互传和互联管理、创新和语言多样性等，如建立TCP/IP、ISO/OSI模型，对域名和IP地址分配实施管理，以及解决网络费用结算等问题。

四是治理决策通过国际合作完成，但这种合作是"自下而上、非集中化"的方式，主要通过治理机构或"松散"的论坛，由各国技术专家、运营商以及用户等经过广泛"协商"与"咨询"后达成统一意见，并在此基础上开展合作。

第二阶段：综合治理阶段。进入21世纪以来，伴随着信息技术的不断创新与发展，互联网的应用性逐步提高，其社会化程度和普及率进一步提升。互联网治理也发生了根本性的改变，不再局限于技术的维护，而是更强调互通互联

---

① 中国信息化发展报告课题组：《网络与治理：中国信息化发展报告（2015）》，电子工业出版社，2015年版，第154–159页。

的综合治理，注重其社会应用性。2003 年和 2005 年，联合国主导下的"信息社会世界峰会（WSIS）"分别举行了日内瓦、突尼斯阶段会议，促使国际社会对互联网治理展开深入细致的探讨。2004 年和 2006 年，"联合国互联网治理工作组（WGIG）"和"互联网治理论坛（IGF）"分别成立，逐步为各国政府、私营部门、民间团体交流和磋商国际互联网治理问题的平台。此阶段的治理实践被称为"综合治理"模式。

一是治理机构趋于多元且初具综合治理能力。越来越多的国际组织和政府机构加入治理进程，与传统治理机构共同发挥作用。主要包括：作为国际综合治理机构的联合国互联网治理工作组与互联网治理论坛；区域组织，如经济合作组织、欧盟、欧洲委员会等区域机构；国际标准制定机构；其他参与治理事务的专门组织，如国际消费者保护与执法网络（ICPEN）、国际刑警组织（Inter-Pol）等。此外，各国政府也主要通过制定政府间协议、部门间合作等方式加强互联网治理国际合作，尤其是在打击网络犯罪与规范网络商业方面开展合作。

二是治理内容不断拓展。随着互联网技术的突飞猛进和迅速普及，互联网治理要面对更多的新情况新问题。从基础设施建设、标准制定到数据信息传输与分享，从言论自由与公民隐私保护到维护国家主权、消除数字鸿沟，各类问题不一而足。全球互联网治理紧紧围绕现实存在最关键、最重要、最紧迫的问题开展，关注重心开始转向互联网社会应用过程中的相关问题，如垃圾邮件、网络安全和网络犯罪等，以及一些影响超越互联网本身的领域，如网络知识产权、网络经济带来的国际贸易问题、发展中国家网络能力建设等。尤其是国际社会普遍开始关注网上不良内容的传播，如网络仇恨、网络色情以及极端文化的网络渗透等。[①]

三是政府在互联网治理中的作用得到一定认可。约瑟夫·奈认为，互联网虽然在某种程度上导致了权力分散，但政府仍是国际政治行为主体并应承担治理网络安全的责任；面对日益膨胀的互联网资源和用户，互联网"自我治理"

---

① 舒华英：《互联网治理的分层模式及其生命周期》，《中国通信学会通信管理委员会学术研究会通信发展战略与管理创新学术研讨会论文集》，2006 年。

必将是"不可能完成的任务"。① 互联网发展历程表明,政府权力和地理条件仍然是关键制约因素,互联网仍极大地依赖政府的强制力,例如,政府建设基础设施、推动教育和保护产权,对互联网犯罪采取强制措施,控制市场规模,提供公共产品。② 政府主导模式有利于互联网普及、安全防范等,是互联网发展到一定程度的客观需要。在信息社会世界峰会与各国政府的努力下,传统互联网治理"政府缺位"的现象有所改善,政府在互联网治理中的作用得到一定认可与提升。

1.2 网络信息化带来的挑战与机遇

互联网的发展及其全球扩展,打破了地域和国界限制,渗透主权国家边界,给传统的国家治理方式带来变革性冲击,深刻影响了民族国家的发展。社会主义国家置身于网络信息化浪潮中,难以独善其身;世界社会主义运动在网络信息化条件下既面临严峻挑战,也获得了崭新机遇。

1.2.1 社会主义国家面临的严峻挑战

西方国家是网络信息化的发源地,中国、越南等社会主义国家则是互联网世界的后来者。被裹挟进信息化浪潮中的社会主义国家,一方面要积极适应新技术环境、新管理环境和新政治环境,另一方面面临着前所未有的压力和挑战。

首先,社会主义国家生产发展和技术革新面临"断崖"危险。作为新科技革命的产物,网络信息化极大地推动了生产力的发展和各个领域的技术革新。大数据、云计算、人工智能等尖端技术方兴未艾,发达资本主义国家已经从网络信息化的基础阶段向更高层次升级换代。例如,美国从"万物互联"迈向了"万物智能",德国通过"互联网+"向"工业4.0"演进,日本利用互联网技

---

① Joseph Nye, *The Future of Power in the 21st Century*, Public Affairs Press, 2011, p. 40.
② Jack Goldsmith, Tim Wu. *Who Control the Internet? Illusion of a Borderless World*, Oxford University Press, 2006, p. 123.

术实现"智能农业"。信息科技领域的角逐已然成为生产力水平比拼的最高呈现。然而，社会主义国家在工业时代生产力水平落后于西方发达资本主义国家，在信息时代依然处于相对滞后的境地。除了中国、越南在信息技术发展上奋起直追，取得比较显著的成绩之外，老挝、朝鲜、古巴仍旧十分落后，① 网络信息化的初级阶段尚未完成，信息技术对生产力的发展促进作用微乎其微。不可否认，发达资本主义国家和社会主义国家之间已然出现了一道深深的"数字鸿沟"，社会主义国家极有可能输在新经济发展的起跑线上。② 因此，在工业时代之后，社会主义国家再次面临在信息时代被发达资本主义国家"甩开"的危险，甚至出现"断崖"局面（即两者之间的落差悬殊，无法比拟），彻底丧失追赶的可能性。而信息技术不发达带来的生产力水平的长期落后将使得发展经济和持续提高人民生活水平成为空谈（研究发现，GDP、教育等与数字化指标之间的相关性很高)③，更难以在与资本主义国家的横向比较中体现出社会主义的优越性，最终会导致社会主义在"两制"竞争中落败。

其次，社会主义国家管理模式和管理方法亟待调整变革创新。④ 目前，有的社会主义国家的企业管理、行政管理和社会管理模式和方法依然保留着比较明显的计划经济甚至准军事化烙印，很难与日益发展变化的网络时代相适应。主要体现在：一是在网络信息化条件下，大多数企业依然未能跳出获取材料、组织生产、提供服务的圈子，"外向性"还十分不够，不善于利用社会资源和整合外部力量打造适应企业发展壮大的生态圈。二是在行政管理上，信息化手段运用的还十分不够，行政管理成本依然过高，互联网思维未能根深蒂固地树立起来，人民对信息公开和信息自由的期待依然强烈。三是在社会管理上，利用

---

① 截止到 2017 年 6 月 30 日，老挝的互联网普及率为 21.9%，朝鲜为 0.1%，古巴为 38.8%。数据来源：互联网世界数据网站：http：//www. internetworldstats. com/. 2017 – 07 – 21。

② 熊光清：《全球互联网治理中的数字鸿沟问题分析》，《国外理论动态》，2016 年第 9 期。

③ Margarita Billon，FernandoLera – Lopez and Marco，*Differences in Digitalization Levels：A Multivariate Analysis Studying the Global Digital Divide*，Review of World Economics，Vol. 146，No. 1，April 2010，pp. 39 – 73.

④ 陆俊、严耕：《信息化与社会主义现代化——兼评托夫勒和卡斯特的信息化与社会主义"冲突"论》，《思想理论教育导刊》，2004 年第 8 期。

网络新工具开展工作的水平有待提升，做好网络信息化条件下的群众工作的能力还十分欠缺，对网络政治动员和网络突发事件处置的经验还十分不够，手段有时也难免简单粗暴。这些方面导致了社会主义国家的一些经济实体很难在信息时代做大做强，更难与发达资本主义国家的跨国企业相竞争抗衡；人民对更高质量的行政管理和公共服务的诉求时而得不到满足，影响了党和政府的权威和形象；个别社会主义国家对互联网的管制和打压，不仅难以实现预期目的，反而不利于社会和谐稳定。因此，社会主义国家根据网络信息化特点和本国基本国情调整变革创新管理模式和管理方法成为当务之急。

第三，社会主义国家思想文化受到网络渗透影响和深刻塑造。社会主义国家历来高度重视宣传思想工作，并将出色的宣传动员和组织动员作为巨大的政治优势和政治资本。但是，在网络信息化条件下，宣传思想工作的基本格局发生了翻天覆地的变化。党的机构、主流媒体不再是舆论场上"发声"的唯一主体，大量的网民、社会组织、虚拟团体成为网上的"发言人"和新闻制造者，网络空间上"百家争鸣""泥沙俱下"，形成了独具特色而又至关重要的虚拟舆论场。虚拟舆论场对整个社会舆论、社会思想产生重大影响，舆论多元化、思想多元化成为不争事实，共产主义理想和社会主义信念的凝聚力、向心力和感召力受到考验。尤其是西方资本主义国家利用信息技术优势，对社会主义国家进行信息渗透和和平演变，经由互联网新工具推销西方价值观和资本主义政治制度、生活方式，起到了观念塑造的政治效果，甚至有时能够发挥左右决策和"倒逼"政策的巨大舆论效应。而社会主义国家党和政府尚未完全适应信息时代政治传播和思想宣传的新形势新变化，面临较为突出的"本领恐慌"和能力不足，加剧了这一情况的严重性和危害性。

最后，社会主义国家党和政府更需保持战略清醒和战略定力。社会主义国家都是发展中国家，党和政府在经济社会基础相对落后的情况下进行革命和建设，面临更加复杂的形势和艰巨的任务。在网络信息化条件下，人民获得信息的渠道明显增加，信息更加透明，流动速度更快，海外信息渗透压力更大，对党和政府决策和施政的影响也更直接更显著。① 主要表现为：人民接收多渠道的互联网信息尤其是海外信息，在与西方发达资本主义国家的对比中，使得社会主义国家某些领域的"不发达状态"更加凸显，影响人民群众的政治判断和价值归属；社会主义国家的网络监督和舆论监督开始逐渐发挥政治影响，迫切需要党和政府改变决策和施政方式，以更加透明、民主、法治的方式进行治国理政，回应人民群众的期待和诉求；党和政府面临发达资本主义国家更加隐蔽的舆论攻势、信息渗透和政治干扰，做出政治决策和科学判断的难度加大，需要具备更多的政治自信和战略智慧；等等。这些情况对社会主义国家党和政府的战略清醒和战略定力提出新的更高要求，尤其是要坚定走适合本国国情的社会主义发展道路的战略自信，既不僵化保守，也不改旗易帜。同时，促使党和政府尽快提高本国互联网发展和治理的层次，着力解决能力不足和"本领恐慌"的问题，提高用网治网水平，维护信息化条件下的政权安全。

1.2.2　社会主义国家获得的崭新机遇

现实来看，网络信息化的确对社会主义国家和世界社会主义运动产生了巨大影响和冲击。但是，这种新技术、新情况、新环境并非没有带来任何机遇，社会主义国家依然存在较大的回旋余地和行动空间。

第一，网络信息化带来了社会主义国家生产力发展的新契机。网络信息化并非资本主义国家的专利，随着这种新技术、新平台在全球的推广和普及，社会主义国家应当而且必须积极消化吸收、革新创造，获得大力提升生产力水平的新契机。在基础设施建设方面，社会主义国家在传统的"铁公机"（铁路、公路、机场）上并不具有优势，甚至与西方发达国家相比存在显著的"代差"。但是，网络信息化要求互联网基础设施建设更新换代，如加强电缆光缆铺设，完善通信基站建设，提升互联网带宽等等，为实现生产力水平的跃升打下硬件基础和必备条件。而在这些方面，近年来互联网技术迭代更新速度加快，社会主

---

① Nina Hachigian, *The Internet and Power in One - Party East Asian States*, The Washington Quarterly, 2002, p. 22.

义国家即便没有先发优势，亦存在较大的后发潜力，出现了与西方发达资本主义国家站到同一"起跑线"上的机会。同时，在网络信息化条件下，生产要素发生了重大变革，即从土地、劳动、资本进一步扩展到信息数据。在可以预见的将来，在新经济领域不再是土地、劳动和资本的竞争，而是信息空间主导权的竞争。只要能够充分利用信息科技实现生产力变革，社会主义国家实现"翻身"和赶超的可能性将大大增加。此外，网络信息化促进了共享经济的出现和风靡，信息时代的新经济体系正在逐步形成，不仅改变过去资本主义生产分工、商业模式和国际贸易所产生的全球经济格局和全球基本秩序，而且将大大节约社会资源和降低经济社会运行成本，对经济社会相对落后的社会主义国家而言无疑是更大利好，有利于生产力的加速释放和国民经济的快速发展。

第二，网络信息化创造了社会主义理念广泛传播的新条件。社会主义不仅仅是一种制度，还是一种运动和一种理念。作为理念、观点和思潮的社会主义在全球范围传播，争取更多群体对社会主义的理解、信仰和追求，将会有力推动世界社会主义运动事业的发展。而今，互联网取代了广播、电视、报刊，成为全新传播载体，成为政治宣传、政治传播的重要渠道，也是社会主义和资本主义竞相争夺的舆论"高地"。一方面，资本主义利用资本、技术优势，形成了价值观输出的有利条件，利用互联网平台"争夺人心""争夺群众"。另一方面，社会主义国家和社会主义运动也要及时认识到利用网络信息化进行政治传播和理念宣传的可能性和可行性，拓展社会主义意识形态传播的途径与影响，[1]绝不能僵化保守，更不能坐以待毙。研究发现，社会主义国家完全可以用好互联网尤其是新媒体积极传播社会主义价值理念，加强国际传播力建设[2]，打破全球资本主义的话语垄断，扭转"资强社弱"基本局面，逐渐在全球"观念市场"中获得发言权和主动权。比如，形成更加符合互联网传播的社会主义意识形态话语体系和叙事方式，尤其是以更加生动、灵活的传播手段吸引和感召年轻网民，使他们对社会主义理念的真诚信仰和积极追随。又如，进一步优化国

---

[1] 郭文亮、杨菲蓉等：《当代国外社会主义意识形态发展导论》，人民出版社，2010 年版，第 296 页。
[2] 阚道远：《社会主义国家网络国际传播力建设》，《学术探索》，2014 年第 3 期。

际传播体制和格局，倡导世界范围内互联网基础资源的公平分配，联合社会主义国家和全球进步力量"集体发声"，形成互联网国际大传播的"合力"。再如，抢占互联网空间，重点发展和运用目前受众面广的新媒体工具，在党员、大学生、知识分子等群体中实现广泛全覆盖，加大社会主义理念价值的宣传力度，深入揭示社会主义替代资本主义的历史必然性以及世界社会主义运动的光明前景，并与资本主义和其他意识形态进行针锋相对的较量。总之，社会主义国家要不断创新思维、技术和体制机制，积极利用好网络信息化为社会主义理念传播提供的难得条件，打赢互联网空间的"心灵战争"。

第三，网络信息化激发了新型社会形态加速形成的新能量。网络信息化对生产力的促进、对社会主义理念的传播产生积极作用，同时，其对社会组织和社会形态的革命性塑造将对世界社会主义运动产生深远影响。因为，互联网的典型特征就是多点多元、"去中心化"和非线性结构，它注重的社会协同、多元共存和平等和谐，是对资本主义发展逻辑和社会秩序的本质颠覆和发展超越。而现有的社会组织结构和组织形态是建立在资本主义工业体系、资本控制体系和管理体制上的等级制、中心论和西方模式的扩张。目前，网络信息化在生产领域呈现出"大规模社会化协同"效应，一旦这种效应实现从生产领域向政治领域、生活领域、文化领域的全面渗透和根本塑造，原先由大主体、大企业、大资本主导的社会资源分配体系和价值理念传播模式，将受到极大冲击和影响，资本主义权力的宰制难以为继，新时代的社会发展逻辑被重新塑造。按照弗里德曼的观点，就是"互联网技术的革命推动了世界变平的过程"。① 网络信息化给弱势群体和边缘群体赋予了全新能力，彻底改变他们的生存状态和行为方式，并鼓励他们不断抵抗资本主义生产方式、组织方式和运行体制，实现更加自由、平等、和谐、共享的生存状态和组织形态。近些年来，经由互联网能量发酵，西方资本主义国家频频发生的新社会运动、网络运动等抗议资产阶级金融寡头、资本主义金钱政治等的行为就是典型代表。而网络信息化客观促成实现的这种

---

① ［美］托马斯·弗里德曼：《世界是平的》，赵绍棣、黄其祥译，东方出版社，2006年版，第48页。

状态，与社会主义者所设想的"每个人的自由发展是一切人的自由发展的条件"和"自由人的联合体"有着本质的切合和贯通之处，是对过去淹没在资本主义社会组织结构夹缝中"众微个体"的权利珍视和切实关照。从这个角度可以说，网络信息化加速助推了现代社会向社会主义社会演化发展的历史趋势，这应当成为世界社会主义运动发展过程中非常值得关注的现象。

第 2 章　中国越南的互联网发展

中国越南作为世界上两个重要的社会主义国家和发展中国家，虽然互联网发展起步较晚，但发展迅速，互联网深刻地影响了经济社会发展和国家治理的方方面面，既带来巨大动力，又形成不少挑战。全面认识两国在互联网飞速发展的同时存在的问题，是进行有效治理的前提和条件。

2.1 中国的互联网发展

2.1.1　中国互联网发展的经济社会背景

1978 年，中国共产党十一届三中全会开启了中国改革开放的历程。历经 30 多年的发展，计划经济体制逐步被社会主义市场经济体制所取代。伴随着体制改革的持续推进，中国的社会主义经济体制的优势得以良好的发挥。目前，中国成为仅次于美国的世界第二大经济体、第一大制造业国家①，同时也是经济增长速度最快的国家之一，过去 30 年年均增长率近 10%。2015 年，全年国内生产总值 676708 亿元，第一产业、第二产业、第三产业增加值占国内生产总值的

---

① 中华人民共和国商务部：《中国成为世界第一大制造业国家》，http：//www. mofcom. gov. cn/article/i/jyjl/m/201602/20160201262873. shtml，2016－02－25。

比重分别为 9.0%、40.5%、50.5%，全年人均国内生产总值 49351 元。①

与此同时，中国在政治、文化、社会等领域都取得了世界瞩目的建设成就。在政治建设上，社会主义基本政治制度得到了巩固和发展，人民代表大会制度、中国共产党领导的多党合作和政治协商制度、民族区域自治制度和基层群众自治制度不断焕发生机和活力。积极稳妥地推进政治体制改革，坚持党的领导、人民当家作主和依法治国的有机统一，提出建设社会主义法治国家。深入推进行政体制改革，不断提高行政效能。在文化建设上，文化事业和文化产业快速发展，人民群众的精神文化生活不断丰富，全社会对社会主义核心价值观的认同和践行日益增强。在社会建设上，基本公共服务水平和均等化程度明显提高，教育、医疗、就业、社保等社会民生事业取得重大进步，人均预期寿命达到 76.5 岁，② 通过创新和加强社会治理，保持了社会和谐稳定的基本局面。

党的十八大以来，以习近平同志为核心的党中央始终坚持改革开放的基本国策，进一步深化改革体制，提出了构筑"中国梦"，推进"四个全面"战略布局等蕴含时代特色，体现与时俱进特征的治国理政新理念，推动中国特色社会主义迈向新的境界。③

2.1.2　中国互联网发展历程

根据互联网技术发展与应用方向的变化，中国互联网发展演进的历史进程可以划分为以下几个阶段：

第一阶段：引入期（20 世纪 80 年代—1994 年）

20 世纪 80 年代，中国刚刚改革开放，中国的科研机构为了与国外开展学术科研交流活动，降低交流成本，提高信息交流效率，尝试开展新式的交流方式——电子邮件。1986 年 8 月，中国科学院高能物理研究所工作人员通过卫星连

---

① 中华人民共和国国家统计局：《2015 年国民经济和社会发展统计公报》，http：//www. stats. gov. cn/tjsj/zxfb/201602/t20160229_ 1323991. html，2016 - 02 - 29。

② 中华人民共和国国务院新闻办公室：《中国健康事业的发展与人权进步白皮书》，ht-tp：//www. scio. gov. cn/zxbd/wz/Document/1565102/1565102. htm，2017 - 09 - 29。

③ 新华网：《党的十八大以来以习近平同志为总书记的党中央治国理政纪实》，http：//news. xinhuanet. com/2016 - 01/03/c_ 1117652873. htm，2016 - 01 - 03。

接，远程登录到日内瓦欧洲核子研究组织一台计算机发出的一封电子邮件，是目前所知的第一封在中国境内操作发出的电子邮件。1987 年 9 月，北京计算机应用技术研究所向德国发出的"越过长城，走向世界"的电子邮件，是目前所知的向国外发出的第一个电子邮件节点。中国互联网时代开始的标志是 1994 年 4 月 20 日互联网 64K 国际专线的开通，实现了与国际互联网的全功能连接。

第二阶段：商业价值发展期（1994—2006 年）

随着国际社会对中国接入国际互联网的认可，中国互联网进入商业发展期。① 1. 准备期（1994—1996 年）：中国互联网的基础设施、骨干网络开始布局。国有力量推进互联网基础设施、基础网络的搭建，民营力量也开始接入这一领域。1996 年 12 月，初步形成了全国性的主干网。2. 加速期（1996—1999 年）：来自民间的、商业的、应用层面的力量开始大举进入互联网（主要体现在网站建设上），呈现出蓬勃发展之势。从 1997 年到 1999 年，中国的网站数量迅速从 1500 个增长到 15000 余个，期间诞生的一些公司历经沉浮，有的成为今天中国互联网商业的龙头企业。3. 泡沫期（1999—2002 年）：由于人们短期内对新技术、新应用前景的过度乐观和非理性追捧，互联网市场发展出现泡沫。但是，互联网并无成熟的盈利模式，无法给投资者带来预期的收益，这导致了互联网行业泡沫的破裂，一些互联网企业损失较大、生存艰难。4. 可持续发展期（2002—2006 年）：互联网公司凭着移动增值业务获得了盈利的新空间，经过时间积累则为互联网公司不断开拓新市场。尽管互联网行业遭遇了泡沫，但是网络用户上网热情一路高涨。从 1997 年到 2005 年，中国的网民规模从 62 万迅速增长到 1 亿以上，互联网的商业价值逐渐得到认可，盈利模式也日趋成熟，走上了良性的可持续发展之路。

第三阶段：社会价值凸显期（2006 年以来）

2006 年 12 月，美国《时代》杂志认为"个人正在成为'新数字时代民主社会'的公民"，在全球范围互联网已经成为一支影响社会进程的重要力量。②

---

① 陈建功、李晓东：《中国互联网发展的历史阶段划分》，《互联网天地》，2014 年第 3 期。

② 2006 年，美国《时代》杂志把"you"（you，指所有网民）选为"年度风云人物"。其封面注释说："现在，就是你，你控制着这个信息的时代，欢迎你来到这个时代"。

在中国，互联网越来越体现出推动社会政治变迁的功能。从 2003 年的"孙志刚案"① 开始，互联网的监督作用得以不断显现，网络监督成为舆论监督的重要形式。从 2005 年以博客为代表的 Web2.0 类应用的兴起到其后微博、微信的快速普及，自媒体的影响力后来居上，成为"新闻生产"和"信息生产"的主要来源。互联网某种程度上颠覆和超越了传统媒体，其角色不再仅仅是"放大舆论"，而是逐渐演变为"制造舆论"和"引导舆论"。到 2016 年，中国的互联网渗透率正式超过 50%。伴随者网民规模的扩张，人民对互联网的依赖性日益增强以及互联网媒体地位的提升，互联网的两面性也日益暴露出来，互联网治理成为国家治理的重要领域引起党和政府越来越多的关注和重视。

2.1.3 中国互联网发展现状

从 1997 年开始，中国互联网络信息中心每年两次发布《中国互联网络发展状况统计报告》，对中国的互联网发展状况进行跟踪评估。2017 年 8 月，第 40 次《中国互联网络发展状况统计报告》发布。目前，中国互联网发展呈现出以下特点：

一是截至 2017 年 6 月，中国网民规模达 7.51 亿，互联网普及率为 54.3%，超过全球平均水平 4.6 个百分点。② 互联网信息技术与经济社会发展融合速度明显加快，有力地助推了中国经济社会发展转型和国家竞争力水平不断提升。

二是手机网民规模达 7.24 亿，手机网民占比达 96.3%，手机上网比例持续提升，移动互联网主导地位强化。各类手机应用种类更加多元，场景更加丰富，用户规模不断上升。其中，手机外卖用户规模达到 2.74 亿，移动支付用户规模达 5.02 亿，4.63 亿网民在线下消费时使用手机进行支付。

三是 IP 地址数量居世界前列，拥有 3.38 亿个 IPv4 地址、21283 块/32 个

---

① 2003 年 3 月 17 日，27 岁的武汉科技学院毕业生孙志刚在广州街头被派出所民警当作"三无人员"收容。三天后，身患疾病的孙志刚遭到 8 名被收容人员的两度殴打，于当日上午休克死亡。事件引发社会各界对收容遣送制度的大讨论和深刻反思，网络监督的舆论力量促成了该制度的废止。

② 中国互联网络信息中心：《第 40 次中国互联网络发展状况统计报告》，http://www.cac.gov.cn/2017-08/04/c_ 1121427672.htm，2017-08-04。

IPv6 地址，二者总量均居世界第二；拥有 506 万个网站，半年增长 4.8%；国际出口带宽达到 7，974，779Mbps，较 2016 年底增长 20.1%，出口带宽大幅增长。[1]

四是商务交易类应用保持高速增长，2017 年上半年，网络购物、网上外卖和在线旅行预订用户规模分别增长 10.2%、41.6% 和 11.5%。[2] 网络购物消费日益升级，用户对品质、智能、新品类的消费愈发偏好。线上线下进一步深度融合，数据、技术、场景等领域深入扩展，尤其是通过各平台积累的大数据资源挖掘利用，促进消费带动转型升级的作用进一步发挥。

五是互联网理财市场趋向规范化，互联网理财用户规模达到 1.26 亿，半年增长率为 27.5%。互联网理财领域线上线下从对抗竞争走向合作共赢，不断整合各自的流量、技术和金融产品服务的优势，促进理财市场发展规范化、理性化。线下支付领域依旧是市场热点，在超市、便利店等线下实体店使用手机网上支付结算的习惯进一步形成，61.6% 的网民习惯在线下购物时使用手机网上支付结算。同时，中国网络支付企业进军海外，积极拓展海外市场，成效显著。

六是公共服务类各细分领域应用用户规模均有所增长。在线教育、网约出租车、网约专车或快车的用户规模分别达到 1.44 亿、2.78 亿和 2.17 亿。[3] 在线教育市场不断拓展，更多人工智能技术应用到在线教育领域，驱动产业转型升级；网约车市场逐步走上规范发展的道路，技术与资本共推行业蓬勃发展；共享单车用户规模达到 1.06 亿，进一步丰富市民出行方式，有利于降低社会交通成本，建设绿色中国。

根据"十三五"规划，中国将实施包括网络强国战略、国家大数据战略、"互联网＋"行动计划等在内的一系列互联网领域"大手笔"，不断促进互联网

---

① 中国互联网络信息中心：《第 40 次中国互联网络发展状况统计报告》，http：//www. cac. gov. cn/2017－08/04/c_ 1121427672. htm，2017－08－04。

② 中国互联网络信息中心：《第 40 次中国互联网络发展状况统计报告》，http：//www. cac. gov. cn/2017－08/04/c_ 1121427672. htm，2017－08－04。

③ 中国互联网络信息中心：《第 40 次中国互联网络发展状况统计报告》，http：//www. cac. gov. cn/2017－08/04/c_ 1121427672. htm，2017－08－04。

和经济社会的深度融合发展，更好发挥互联网发展和治理的正效应。①

2.2　越南的互联网发展

2.2.1　越南互联网发展的经济社会背景

越南社会主义共和国是越南共产党领导的社会主义国家。越南面积约 33 万平方公里，位于东南亚的中南半岛东部，形状自北向南狭长展开，北与中国广西、云南接壤，西与老挝、柬埔寨交界，紧邻南海，拥有 3260 多公里的漫长海岸线长。2016 年 9 月统计人口为 9470 万，是以京族为主体的多民族国家。

1986 年越南共产党第六次全国代表大会确定了全面革新路线，开启了越南革新开放的序幕。2001 年越共第九次全国代表大会确定了建立社会主义定向的市场经济体制。经过 30 余年的革新开放和艰苦探索，越南社会主义建设事业取得的成就有目共睹。越南在 1989 年实现了从粮食进口国到出口国的转变，目前年出口大米 600 万吨以上，成为全球第二大大米出口国。1990 年至 2010 年，越南国内生产总值（GDP）年均增长 7.3%，2015 年达 6.68%，同时通货膨胀率降至 5% 以下，越南盾汇率也基本稳定；工业、农业和服务业在 GDP 中的比重逐步合理化，农业比重已从 1990 年的 38.7% 降至 2014 年的 18.12%。根据世界银行的统计，越南 2011 年人均收入达 1260 美元，而根据越南方面的统计，2015 年更进一步增加到 2200 美元以上，② 成为一个中等水平的发展中国家。据亚行预测，2017 年，越南经济将增长 6.3%③，在全球位列前茅。后续几年，越南经

① 2017 年 12 月 4 日第四届世界互联网大会发布的《世界互联网发展报告 2017》首次设立并发布了世界互联网发展指数指标体系，显示美国、中国、韩国的互联网发展水平位居世界前三。

② 参考消息网：《越共十二大召开：越南革新开放之路走向何方》，http：//www. cankaoxiaoxi. com/world/20160121/1059143. shtml，2016 – 01 – 21.

③ 越南人民报网：《2017 年预测：越南经济有望迅速增长》，http：//cn. nhandan. com. vn/economic/item/4747501 – 2017 年预测：越南经济有望迅速增长 . html，2017 – 01 – 05.

济将保持强劲发展势头，利用较高水平而廉价的劳动力，增加全球规模上的出口市场份额，成为亚洲突出的经济体之一。越南被认为是世界上除了中国以外建设社会主义最为成功的国家，[①] 国际组织还把越南列为具有强大的发展潜力的展望五国（VISTA）[②] 之一。

越南共产党对经济社会发展的基本评价是：虽然越南仍处于贫困国家，但是经过实现革新开放政策，越南已获巨大而具有历史意义的成就。经济成长较快；现代化、工业化、社会主义定向的市场经济的发展得到加强。人民生活得以明显改善。国家政治体系及全民团结精神日益巩固与加强。社会政治稳定。保障国防安全。越南在世界舞台的地位日益提升。国家综合实力不断增加，形成新的形势及力量以促使国家朝着良好方向发展。社会主义及走向社会主义道路的认识日益明显；对革新开放事业、社会主义社会及走向社会主义道路的理论观念系统已经基本形成。[③]

2016年召开了越南共产党第十二次全国代表大会，大会主题为"加强建设廉洁稳健的党组织；发挥全民族的力量和社会主义制度的民主性；全面、配套推进革新事业；牢牢捍卫祖国，维护和平稳定环境；力争尽早使越南基本成为朝着现代化方向发展的工业国家"。大会选举了以阮富仲为总书记的新一届越共中央领导集体。越共十二大对越南革新开放30年的历史成就和现实问题进行了深入全面的总结，在此基础上，明确提出将越南建设成为社会主义现代化工业国家是2016年至2020年阶段越南重要的经济社会发展目标，同时，指出了未来5年越南发展的方向、目标和任务，开启了"党的第二次革新阶段"。[④]

---

① 潘金娥：《越南政治经济与中越关系前沿》，社会科学文献出版社，2011年版，第9页。

② "展望五国"（VISTA）是由越南（Vietnam）、印尼（Indonesia）、南非（South Africa）、土耳其（Turkey）、阿根廷（Argentina）的英文首字母组成谐音英文单词Vista，意为展望，眺望的意思，被日本《经济学人》认为是将继"金砖四国"之后，成为最有潜力的新兴国家。

③ 越南社会主义共和国中央政府门户网站：《越南经济社会概况》，http：//cn. news. chinhphu. vn/StaticPages/kinhte. html，2017 – 01 – 09。

④ 新华网：《越共十二大成果多 宋涛到访有深意》，http：//news. xinhuanet. com/world/2016 – 01/29/c_ 128684795. htm，2016 – 01 – 29.

2.2.2 越南互联网发展历程

1997 年接入国际互联网之后，越南互联网发展主要经历了以下阶段：

第一阶段：严格控制（1997—2001 年）。河内信息技术研究所是越南最早拥有电子邮件的科研单位。1992 年，从该所发出了第一封电子邮件，标志着越南人开始使用互联网。1997 年 3 月 5 日，越南政府颁布关于互联网管理的暂时规定（第 21 - CP 号法令），同意互联网正式进入越南，揭开了越南连接国际互联网的序幕。随后，越南互联网企业从 1997 年 12 月 1 日开始正式向社会提供国际互联网接入服务。

一方面越南政府允许本国连接互联网，另一方面却又认为互联网是资本主义国家的发明创造，担心西方国家利用互联网进行政治文化渗透带来负面影响。所以在互联网进入越南之初，政府非常谨慎。再加上互联网管理经验极度缺乏，所以，为了保护国家安全，越南政府对互联网进行严格控制。[①]

根据第 21 - CP 号法令关于互联网管理的暂时规定，越南政府对于互联网国际网卡的连接有着严格的要求和管理措施，例如服务器必须设立在越南、组织或个人的计算机不允许直接或间接的连接互联网、所有党政机关将计算机和数据库连接互联网的审批程序非常复杂，等待时间也会很长。与此同时，越南政府对计算机传输的信息内容等各项服务均实行统一管理和控制。

越南党和政府对互联网的态度和措施，在刚开始三年期间极大地影响了互联网的发展速度。当时，越南只有四家互联网服务提供商（VDC，Netnam，FPT 和 Saigonnet），向社会提供电子邮件、数据库访问、数据文件传输和远程访问等四类服务。因为登记程序复杂、使用费用高和缺乏公共互联网设备等原因，只有科研人员、管理人员、新闻人员等群体才会较多接触和使用互联网，在总人口中所占比例很小。根据国际电报联盟（ITU）的统计数据，到 2000 年，越南

---

① ［越］杜氏贤：《越南网络媒体十五年的发展研究》，广西大学硕士学位论文，2015 年，第 28 页。

仅有占总人口0.25%的20万规模的网民。①

并且,越南的互联网速度非常慢。1997年互联网访问速度只有2MB,到2001年12月速度提升之后也仅为61MB。这主要是因为越南的互联所连接的国家只有两个:美国和澳大利亚。网速过慢给用户带来的直接后果就是费用的不断增加。因此,在越南互联网被认为是一个奢侈服务和"小众"消费,远没有在越南国内普及开来。

第二阶段:推动普及(2001—2008年)。在前三年的运行之后,越南政府充分认识到互联网的发展对于国民经济增长、科技进步的重要性和必要性,也深刻意识到对互联网严格管控所带来的弊端。因此,第55/2001/ND-CP号法令(2001年8月23日)的颁布表明越南政府对互联网管理进入到推动普及的新阶段。

在这一阶段,越南政府大力发展互联网基础设施,力图实现互联网全国覆盖;不断降低互联网使用费用,加快互联网进入经济、文化与社会生活,产生积极推动作用;加速互联网技术在商务、政务等领域的应用,推广电子报纸、电子商务、电子政务等;对发展互联网给予财政和政策上的大力支持,互联网发展优先向教育产业、软件产业、科研机构和党政机关倾斜;允许更多互联网企业进入市场提供服务、研发产品,公平竞争、提高效率,促进互联网市场发展。②

在新的法令颁布实施以后,越南政府也加大了互联网基础设施的投入。到2007年越南的互联网连接的国家由起初的两个迅速扩增到亚洲、欧洲等十几个国家,使得网络访问速度增强,费用更加低廉,互联网市场的有序竞争也逐步实现。与此同时,ADSL宽带互联网服务在越南也被广泛使用。这也促进了越南互联增值服务和综合性全球服务的迅速发展。2006年10月,无线网络也被推出。

---

① [越]陈氏美河:《越南互联网管理模式探析》,华南理工大学硕士学位论文,2011年,第18页。

② [越]陈氏美河:《越南互联网管理模式探析》,华南理工大学硕士留学生学位论文,2011年,第23-25页。

在此阶段，互联网在越南的普及程度和应用范围得到极大的发展。但受到区域经济发展水平的限制，在互联网应用方面的城乡差异现象非常明显，区域发展不平衡问题较为突出。

第三阶段：促进发展（2008 年以来）。虽然互联网发展过程中暴露出一些问题，产生了负面影响，但是其对经济社会发展的巨大正能量，促使越南政府迅速转变了观念。经过 10 年的管理实践，越南政府在互联网管理上积累了经验，逐渐摆脱了最初手足无措的被动局面，其思路从严格控制、推动普及转变到促进发展上来。

第 97/2008/ND－CP 法令（2008 年 8 月 28 号）被认为是越南政府促进互联网发展的一个阶段性标志。越南政府决定，加大互联网在经济、文化和社会领域的应用，不断提高劳动生产率和创新力；大力发展电子商务，创新经济形态；以互联网发展带动形成改革和社会服务，为人民提供更高质量的公共产品；深入推进互联网在党政机关、科研院所等机构的普及和应用；将互联网更好地覆盖到农村、海岛、山区与偏远省份。此后，互联网在越南的发展呈现加速趋势，对越南经济社会发展起到了带动促进作用。尤其是在经济和商业领域，互联网加速向传统产业渗透融合，新经济模式和新商务模式不断兴起，对经济结构转型升级产生越来越大的积极影响。互联网也日益介入人民群众的生产、生活、消费、娱乐中，毫不夸张地讲，改变了越南社会生活的方方面面。

2.2.3 越南互联网发展现状

在互联网普及率方面，据越南通信管理局（VNTA）统计，截止到 2016 年年初超过 4730 万越南居民可以访问互联网，约占总人口的 52%。其中，宽带用户数为 3630 万，而 2014 年仅为 2230 万。越南 80% 受访互联网用户年龄段在 15—24 岁，而 35—54 岁年龄段的仅 20%。越南六大移动网络现已有 1.206 亿用户，移动网络仍然占据市场主导地位。2013 年，固定电话用户数为 950 万，

2015 年进一步缩减至 670 万。① 直至 2019 年，越南智能机的使用率将保持两位数的快速增长。受过教育的年轻城市人口将逐渐从使用手机过渡到智能机。目前越南仅有 60% 的人口拥有手机，还存在着大量的低收入农村人口，越南手机渗透率预计在未来几年并不会实现大幅增长，而那些不曾使用手机的农村人口依旧是互联网的空白地带。② 根据 eMarketer 分析，越南的互联网渗透率还在迅速增长，位居亚太地区第 4 位（仅次于印度、菲律宾和印尼）、全球第 7 位。

在基础设施建设方面，越南的 3G 网络走在了许多发展中国家甚至发达国家的前面。据越南最大的电信运营商之一 Vinaphone 公布的数据称，其最大下载速度可达 21.6MB/秒，上传速度可达 5.76MB/秒。并且，在越南全国境内，网络覆盖面非常广泛，城乡之间基本上不存在上网速度的差异。2016 年，越南手机上网进入一个更新、更快的 4G 时代。

在网络使用资费方面，越南电信公司 3G 收费方式主要有两种，即"先付费后消费"的套餐模式和"先消费后付费"具体模式。总的来说，在越南手机上网的费用较为低廉。以越南军用电子电信公司（Viettel）的为例。套餐模式主要有两种，一种是 Dmax200 类别，适合上网需求量大的人群，收费标准为每月 3GB 流量 20 万越南盾（约合人民币 60 元）；而普通上班族，较少上网娱乐的人，可选择 MiMax 套餐，收费标准为每月 600MB，7 万越南盾（约合人民币 21 元）。套餐内流量用完后，再上网产生的流量不再收费。用后收费标准为每 50KB 收取 25 越南盾，相当于 1M 约为人民币 0.15 元。③

在电信运营机构方面，包括河内电信、FPT 电信，有线电视运营商 VTVCab 和 SCTV 在内的运营商近年来都经历了强劲的增长，但是市场依旧被越南最大的移动运营商越南军用电子电信公司（Viettel）、越南邮电集团（VNPT）及其子公司越南移动电信服务公司（MobiFone）所垄断。Viettel、VNPT 和 MobiFone 公

---

① 中华人民共和国国家互联网信息办公室网站：《越南互联网覆盖率达 52%》，http：//www. cac. gov. cn/2016－01/06/c_ 1117683475. htm，2016－01－06。

② 中国互联网数据资讯中心网站：《eMarkter：越南数字使用报告》，http：//www. 199it. com/archives/449888. html，2016－03－17。

③ 新华网：《国外的上网体验怎么样？——越南、智利、巴西三国网络面面观》，http：//news. xinhuanet. com/fortune/2015－04/17/c_ 1115009211. htm，2015－04－17。

司已经获得进行 4G 测试的许可，在越南军用电信公司在巴地—头顿省部分地区开展了 LTE－A 测试。

在互联网经济方面，2016 年 12 月，越南信息与通讯部阮成兴副部长在"越南互联网日"说，数字经济将促进数字产业发展成为信息技术部门的尖端产业。由于具备人力资源充足、人工费用低廉、智能手机数量和 3G 用户猛增和互联网基础设施较好等优势条件，越南被评为数字产业颇具潜力的市场。这是越南企业加入全球数字经济的供应链的良机。越南电信企业继续致力于发展基础设施，应用现代技术，确保向人民提供良好服务。① 2008—2014 年，数字产业的收入从 4 亿 8000 万美元增加至 14 亿美元，保持 20 ％的年增长率。数字产业吸引了 4500 多家企业，创造了 70000 个就业岗位。到 2020 年，智能手机的用户数量将是 2010 年的 30 倍，占到越南近 60% 的人口，移动互联的机会比个人电脑互联高出 40—100 倍。移动游戏将增长 40%，移动商务将增长 60%，移动支付将增长 80%。为让更多的消费者参与网购，越南还全力打造一年一度的全民"网购日"活动。2015 年 12 月 4 日，越南全民"网购日"的总营业额突破 2500 万美元，网站点击量突破 250 万次，促销商品信息浏览量达 1688 万次。②

互联网促进了政府信息的公开。互联网的发展不仅促进了越南经济结构转型升级和电子商务发展，而且也大大推动了越南行政改革和电子政务的建设。根据"越南信息技术与通信状况"白皮书显示，越南的中央和国家机关、省政府等国家职能部门几乎都拥有各自的门户网站。这有效地提高了越南各级政府的工作效率和政务信息公开水平，也进一步创新了各级政府的服务体系，优化了政府的服务职能，提升了党和政府为人民服务的形象。因此，互联网在满足公众知情要求、促进公众监督政府等方面的作用日益凸显。

---

① 越南信息与通讯部网站："*Digital economy the future for VN development*"，http：//english. mic. gov. vn/Pages/TinTuc/133551/Digital－economy－the－future－for－VN－development. html，2016－12－22。

② 中华人民共和国国家互联网信息办公室网站：《网购在越南日益流行 到 2020 年 30% 人口有望加入其中》，http：//www. cac. gov. cn/2016－08/24/c_ 1119443335. htm，2016－08－24。

2.3 中越互联网发展面临的问题

如上所述，中国越南从20世纪九十年代开始，经过20余年时间，互联网领域取得了快速发展和长足进步，深刻改变人们的生产生活，有力推动社会前进。但是，"互联网是把双刃剑，用得好，它是阿里巴巴的宝库；用不好，它是潘多拉的魔盒"。① 在充分利用互联网为国民经济、社会发展和人民生活服务的同时，中国越南作为互联网的后发国家和共产党执政的社会主义国家，面临着互联网治理上诸多相似的问题和挑战。

2.3.1 网络意识形态②复杂敏感

随着中国全面深化改革进程加速，越南革新开放事业取得辉煌成就，两国的网络新媒体技术迅速发展普及，网络空间成为国家主权的新空间，网络领域成为社会治理的新领域，网络平台成为舆论斗争和意识形态斗争的主平台。网络意识形态方面出现了一些新形势新特征新问题。

一是社会主义主流意识形态存在被边缘化、污名化的危险。伴随着信息技术的不断发展，网络空间不断延伸，这也为一些不正当的言论的传播提供了条件。尤其是西方意识形态的不断渗透，使得社会主义主流意识形态受到冲击，甚至是污蔑。而一些机构、媒体和个人缺乏应有的政治责任感，不敢发声和亮

---

① 新华网：《国务院副总理马凯在首届世界互联网大会上的致辞》，http：//news. xinhuanet. com/newmedia/2014－11/19/c_ 127229214. htm，2014－11－19。

② 笔者认为，网络意识形态是人类意识形态发展的崭新形态，不是线下意识形态在网络中的简单移植和再现，也不是线上意识形态形式与内容的简单拼凑，它是高度融渗和综合了线上线下意识形态而形成的网络社会时代的全新样式。参见黄冬霞、吴满意：《网络意识形态内涵的新界定》，《社会科学研究》，2016年第5期。目前，"网络意识形态"已经成为中国政治文件中的正式提法。如，2016年中共中央办公厅印发的《党委（党组）意识形态工作责任制实施办法》（中办发〔2015〕52号）明确要求，"要高度重视网络安全，进一步提升网络舆论引导水平，严密防范网上意识形态渗透，牢牢把握网络意识形态主导权。"

剑,甚至缺乏政治敏锐性和政治鉴别力,是非不分,偏听偏信。网络信息的传输速度快,传播范围广,再加上监管手段难以跟上形势的发展,导致很多富有正能量的人物或事件被污名化。社会主义主流意识形态在网络世界存在被边缘化的危险,极容易造成广大网民的认识误区和信仰危机。在中国,网络历史虚无主义有一定市场,网络上质疑革命英烈的声音此起彼伏。"黄继光堵枪眼不合理""刘胡兰系被乡亲所杀""雷锋日记全是造假""狼牙山五壮士其实是土匪"等诸多质疑恶搞的声音产生了极不和谐的音符,稀释了广大网民浓郁的爱国激情,动摇了民众对历史人物和事件的坚定而积极的看法。研究发现,经常接触"黑网站"信息的越南大学生群体中,思想、精神、人格等方面均出现了比较大的消极变化。① 根据越南方面监测,在 2016 年越共十二大会期临近之时网络舆论斗争形势严重、复杂、激烈。"各种敌对势力和政治机会主义分子"的活动越来越猖獗。"其目的是搞乱人民的思想和视线,削弱民众对党的信赖,挑拨人民与党的关系,破坏越共十二大成功举行,进而在越南策动'颜色革命'"。②

二是价值观多元多样多变,主流意识形态在网络空间的引导力被弱化。当前,在中国越南的网络空间里,单向度的新闻报道式的信息提供方式不断被改变和塑造,越来越多地出现了网民提供信息、生产信息和对公共事件进行广泛讨论的新局面,主流媒体引导舆论的作用在显著弱化。例如,在中国,仅有官方媒体"人民日报"和"央视新闻"排进国内影响力前 20 名的微信公众号中。在 26 万多个微信公众号中,以"中国特色社会主义"为关键词的微信公众号仅有 5 个,在新媒体传播上的发挥的积极效应明显不够。在越南,"互联网实现了充分自由竞争",美国 Facebook、推特等社交媒体以及越南本土互联网媒体的冲击下,越南传统媒体出现严重的衰落,越南主流报纸《今日》的发行量从 5 万份迅速下滑至 3 万余份,③ 越南通讯社、越南每日快讯、越南人民报等主流网络

---

① 陈庭奉:《当代越南大学生理想信念教育研究》,湖南师范大学博士学位论文,2015 年,第 92 页。

② 中国日报中文网:《越共十二大将开幕网络舆情充斥鼓动颠覆言论》,http://www.chinadaily.com.cn/hqgj/jryw/2016-01-16/content_14488031.html,2016-01-16。

③ 环球网:《微信越南败给"山寨"软件 Zalo 应用排行大跌》,http://tech.huanqiu.com/original/2015-05/6487438.html,2015-05-22。

媒体的受众也十分有限。就中越而言，在网络空间的主流意识形态宣传亟待解决传播载体数量相对较少、覆盖面相对较小和影响力相对较弱等问题。

三是突发社会事件上升为意识形态论争、政治论争的概率加大。社会热点事件发生之后，伴之以互联网上不同意识形态阵营和政治阵营的解读和论争。在中国，从东莞扫黄、昆明暴恐、招远血案、郭美美刑拘、茂名 PX 项目群体性事件到香港违法占中、乌克兰政局剧变等事件中的公共讨论，不同的互联网意识形态之间几乎都会出现较量和论战。在微博、微信、论坛等网络空间，由具体社会事件引发的意识形态论争、论战的舆情事件不断发酵演变，甚至这些事件的发生往往会被上纲上线为政治制度和党的领导的问题，持续不断地冲击着网民的社会认知和政治立场。在越南，网络异见分子往往在国内问题上批评政府专制、呼唤民主权利，在国际问题上则以民族主义的强硬姿态谴责政府软弱和卖国。一些知名博主创建"自由记者俱乐部"，持续发表"反华言论"和"煽动宣传反对越南社会主义共和国"，产生比较恶劣的社会舆论影响。①

四是境外敌对势力利用互联网深度构建意识形态格局。通过互联网沟通联络中国越南国内的异见人士和网络"大 V"，物色活动骨干和政治代理人，收买网络写手，设置渗透主题，定制传播材料。例如，针对中国，组织一批"法轮功"、"民运分子"、宗教极端主义分子等反共反华势力渗透进入中国国内舆论场，甚至将其包装为"公共知识分子""意见领袖"和"人民代言人"，宣扬敌对言论，"爆料"历史内幕，扰乱人们思想，撕裂社会共识。② 在越南，2010 年6 月 22 日，在纪念越南革命报纸诞辰 85 周年之际，农德孟、阮明哲、阮富仲等越共中央领导指出"国内外的各种敌对势力目前着重通过先进的互联网技术手段推进和平演变战略，尤其是在思想文化领域，产生了不可低估的影响"，越共"应该始终保持清醒和坚决的态度，充分认识这一形势的艰巨性和危险性，发挥主动进攻的精神，全力挫败互联网领域的和平演变图谋"。③

---

① 王家骏：《越南最严互联网管制真相》，《时代人物》，2013 年第 11 期。
② 李艳艳：《如何看待当前网络意识形态安全的形势》，《红旗文稿》，2015 年第 14 期。
③ 转引自易文：《越南革新时期新闻传媒研究》，上海大学博士学位论文，2011 年，第78 页。

2.3.2 网络安全问题比较突出

从世界范围看，网络安全威胁和风险日益突出，并日益向政治、经济、文化、社会、生态、国防等领域传导渗透。中国越南作为新兴的互联网国家也不例外，在享受了互联网造福国家和人民的福祉同时，也承担了较大的网络风险隐患，面临着日趋严重的网络安全问题。

2016 年 12 月，中国国家互联网信息办公室发布《国家网络空间安全战略》。文件系统阐述了目前中国遭遇的网络安全严峻挑战，其中包括网络渗透、网络犯罪危害国家政治安全、经济安全、文化安全、社会安全等问题，以及要从国际竞争的高度充分认识网络空间安全的重要性和紧迫性，下大力气抓好网络安全战略实施工作。[1]

2015 年，针对中国的网页仿冒、拒绝服务攻击等继续增长、威胁增大。仿冒页面（URL 链接）较 2014 年增长 85.7%，达到 191699 个；涉及 IP 地址较 2014 年增长 199.4%，达到 20488 个；被植入后门的中国网站数量较 2014 年增长 86.7%，达到 75028 个（其中政府网站较 2014 年增长 130%，达到 3514 个）。境内 6.0 万余个网站（增长 82%）被 3.1 万余个境外 IP 地址（增长 63%）通过植入后门实施远程控制。其中，11245 个网站被位于美国的 4361 个 IP 地址控制，占比最高、影响最大。党政机关、科研机构和重要行业单位遭到网页篡改、网站后门攻击等情况层出不穷，成为 APT28、图拉、方程小组、海莲花等多个有组织黑客攻击特别是 APT 攻击的重点目标。[2] 面对国家网络安全、网络经济安全、网络社会安全以及个人隐私权保护等如此广泛的信息安全威胁，中国尚没有形成足够的安全保障手段和能力[3]。

与中国遭遇的情况类似，随着越南互联网普及率的快速提升和互联网经济

---

① 中华人民共和国国家互联网信息办公室： 《国家网络空间安全战略》，http://www. cac. gov. cn/2016－12/27/c_ 1120195926. htm，2016－12－27。

② 新华网： 《中国互联网站发展状况及其安全报告（2016）在京发布》，http://news. xinhuanet. com/info/2016－03/18/c_ 135200752. htm，2016－03－18。

③ 罗洁：《网络犯罪让中国消费者在 2014 年损失 7000 亿元》，《人民邮电报》，2015 年 12 月 1 日。

的蓬勃发展，越南受到的网络攻击大幅增加（甚至海底光纤网络多次断裂），网络安全形势日益严重。① 据越南计算机应急反应团队评估，2015 年发生的网络安全事件是 31585 件，1451997 个越南 IP 地址遭到僵尸网络攻击，网络病毒共造成的 8.7 万亿越南盾的损失，相当于每一个越南网民损失了 125.3 万越南盾。② 卡巴斯基和赛门铁克 2015 年的统计报告则显示，越南手机用户遭受的攻击数量排名世界第三，受到网络攻击的次数排名世界第十二。③ 网络攻击已经不仅仅满足于瞄准欧美发达国家，与欧美有比较密切贸易往来和经济合作的越南公司作为网络安全的"软肋"，也成为网络攻击的对象和切口，且攻击水平越来越高。越南信息安全协会声称，越南的信息安全指数不断攀升，分别是 2013 年 37.3 分、2014 年 39 分、2015 年 47.4 分、2016 年 59.9 分，④ 显示了网络安全环境的恶化。2016 年的前六个月，发现网络钓鱼 8758 次（2015 年同期 3 倍），77160 次网络破坏（2015 年同期 8 倍）和 41712 次恶意攻击（2015 年同期 5 倍）。2016 年的前 11 个月，扫描发现系统漏洞 627355 个，系统受到攻击 72833 次，超过 100 万个恶意代码被传播到地方政府网站。还有许多网络攻击针对银行和金融系统、关键信息基础设施、企业和网站，网络攻击不仅可以破坏经济社会运行，而且涉及政治、国防和安全，与每个公民的利益息息相关。尽管网络攻击和网络钓鱼病例的数量在上升，越南网民网络安全意识不强，许多企业并未重视网络安全问题，投入网络安全维护的资金和人力资源仍然比较有限，从政府层面而言越南国内缺少网络安全专家，应急反应小组的数量也远远

---

① 周季礼：《2014 年越南网络空间安全发展综述》，《中国信息安全》，2015 年第 4 期。

② 越南信息通讯部网站："*Vietnam to set up cyber – network rescue teams*"，http：//english. mic. gov. vn/Pages/TinTuc/133559/Vietnam – to – set – up – cyber – network – rescue – teams. html，2016 – 12 – 23。

③ 越南信息通讯部网站："*Experts warn of security vulnerability in partners' systems*"，http：//english. mic. gov. vn/Pages/TinTuc/133524/Experts – warn – of – security – vulnerability – in – partners – – systems. html，2016 – 12 – 19。

④ 越南信息通讯部网站："*Network attacks get smarter：Deputy Minister*"，http：//english. mic. gov. vn/Pages/TinTuc/133425/Network – attacks – get – smarter – – Deputy – Minister. html，2016 – 12 – 05。

满足不了形势的发展。①

2.3.3　网络信息技术相对落后

网络信息技术被比喻为全球技术创新竞争的"前沿阵地"，具有研发投入最集中、创新最活跃、应用最广泛、辐射带动作用最大等特点。一个国家的网络信息技术是互联网发展的核心要素，直接决定着其在国际互联网竞争中的地位，对网络经济、网络安全、网络治理也有重要的影响。中国越南作为后发的互联网国家，尽管近年来在网络信息技术发展上投入很大、效果明显，但与西方发达国家相比，依然处于相对落后的位置。

习近平指出，"由于互联网核心技术受制于人，致使我们的'命门'被人掌握，这是我们在互联网领域面临的最大隐患。"② 国际电信联盟公布的 2016 年全球信息通信技术发展指数③排名显示，中国名列第 81 名，比 2015 年提升了三位。④ 中国互联网信息中心提供的全球各国家评价结果显示，中国信息化全球排名有了较大幅度的提升。从国家信息化发展指数来看，2012 年中国位居第 36 位，进步到 2016 年的第 25 位，超过"二十国集团"的平均水平。⑤ "中国信息化发展取得了显著进展"，"然而，信息化发达国家如美国、英国、日本等国，在信息产业发展、技术创新力度和信息化应用效益等方面的领先优势比较明显，其余各项指标也实现了均衡发展。"⑥ 相对而言，网络基础设施建设、终端普及率、关键核心信息技术创新、信息化人力资源储备等方面是中国信息化发展的

---

① 越南信息通讯部网站："*VN cyber security lacking：experts*"，http：//english. mic. gov. vn/Pages/TinTuc/133462/VN – cyber – security – lacking – – experts. html，2016 – 12 – 08。
② 习近平：《在网络安全和信息化工作座谈会上的讲话》，人民网，http：//politics. people. com. cn/n1/2016/0426/c1024 – 28303544. html，2016 – 04 – 26。
③ 信息通信技术发展指数是国际电联每年《衡量信息社会发展报告》的核心内容。它是集 11 种指标为一项基准值的综合指数，旨在监测和比较不同国家间信息通信技术的发展情况。
④ 中国经济网：《中国信息通信技术发展指数全球排名前进三位》，http：//intl. ce. cn/specials/zxgjzh/201611/23/t20161123_ 18061940. shtml，2016 – 11 – 23。
⑤ 中国互联网信息中心：《国家信息化发展评价报告（2016)》，第 6、9 页。
⑥ 中国互联网信息中心：《国家信息化发展评价报告（2016)》，第 22 页。

短板。比如，中国网络资源就绪度和终端普及率两方面的建设水平仍有待提升。2015 年第四季度，中国的固定宽带下载速率首次突破 8M/秒，达到 8.34M/秒，比 2014 年第四季度的 4.25M/秒提高了接近一倍。而根据国际电信联盟发布的数据，韩国、新加坡的固定宽带平均下载速率超过 20M/秒，几乎是中国的 2.5 倍。截至 2017 年 6 月，中国的互联网普及率是 54.3%，而冰岛、卢森堡、挪威、丹麦等国家的互联网普及率已超过 95%，日本、英国、德国等大型经济体也能达到 90% 左右，中国仍有 3 亿—5 亿人可以转化为网民。在终端设备普及方面，由于中国人口规模数量庞大，与美国、英国、法国等领先国家相比，还存在非常大的提升空间。又如，中国深入实施创新驱动发展战略，大力推进互联网技术产业自助创新能力建设，在职能终端、云计算、大数据、卫星导航等多个领域已逐步实现从模仿到超越、从引进吸收到自助创新的转化。但数据显示，中国较为侧重应用型研发的投入，仅将研究预算的较少份额用于基础研发领域。对基础性研究工作的重视不够、投入偏少，一定程度上导致了中国对网络发展的前沿技术和具有国际竞争力关键核心技术掌握不足，在高性能计算、移动通信、量子通信、核心芯片、操作系统等领域没有取得显著的重大突破。

　　与中国相似，作为互联网后发国家的越南要着力突破信息技术发展上的瓶颈。伴随着经济全球化和越南的革新开放，一部分跨国公司的研发中心逐渐迁移到越南境内，越南不断发展成为信息科技产品的加工组装基地，同时，越南一些高新技术企业和信息科技企业积极复制、消化、吸收国外信息科技先进成果，实现技术突破和发展壮大，成为推动越南信息技术产业发展的主导力量。但是，就整体技术力量而言，因为越南本土企业的电子信息尖端技术研发成果十分稀缺，迫使越南只能依靠单方面引进外国的信息科技成果实现突破和跨越。[①] 其原因在于：越南信息技术发展相对落后，与高端的生产体系相差甚远。并且，越南的信息技术产业模式仍处于以低价获取利润的层次，在与发达国家的竞争中毫无优势可言。在技术研发方面，越南也存在融资渠道过窄、研发团

---

① 黄友兰、陶氏幸、余颜：《越南电子信息产业发展的机遇与挑战》，《重庆邮电大学学报（社会科学版）》，2013 年第 5 期。

队不健全、相关部门间沟通机制不流畅等问题。① 目前越南多数使用进口的信息产品和设备，如：网站产品、二层交换器、电脑主机、台式电脑、操作系统软件、办公软件以及一些专业软件等。越南在信息技术产品的制造和提供方面缺乏独立性，大部分依赖国外进口。②

2.3.4 网络治理能力亟待提升

网络治理是国家治理的重要组成部分，考验着执政党的治国理政水平。互联网对中国共产党和越南共产党的执政而言是个新生事物，"过不了互联网这一关，党就过不了长期执政这一关"。③ 而在网络治理理念、网络治理格局、网络治理手段和网络治理人才培养等方面，中国越南均需要作出很大的改善和提升以应对日新月异的互联网国内发展和国际环境。

一是网络治理理念较长时间滞后于互联网发展。互联网是一个快速发展的新生事物，需要不断以新理念新思路来指导治理实践。僵化保守的治理理念无异于故步自封，不仅难以维护国家信息安全，反而会在世界信息浪潮的冲击下掉队、落伍。中国越南在一段时间内网络治理理念落后于网络发展实践，值得认真总结和更新。在越南，1997 年刚刚接入国际互联网时期，越南邮政电信总公司控制互联网网关，当时仅有 5 家互联网服务提供商。在国际长途收费标准方面，越南位居东盟国家中之首。在网络市场管理方面，越南一直落后于其他大多数东盟国家。因对互联网的重要性认识不够全面，越南互联网发展初期被严格控制。甚至有些官员担心互联网的发展会影响到国家安全，采取了一些极端的手段。直到 2002 年前后，越南政府开始肯定互联网对国家经济的重要性，并大力扶植互联网产业的发展。但是管制程度也是非常严格，如果越南公民浏览国外网站，则需要到政府进行登记。④ 尽管越南政府的这种治理思维在互联

---

① 黄友兰、陶氏幸、余颜：《越南电子信息产业发展的机遇与挑战》，《重庆邮电大学学报（社会科学版）》，2013 年第 5 期。
② 古小松、罗文青：《越南经济》，世界图书出版公司，2016 年版，第 253 页。
③ 人民网：《学习贯彻习近平总书记新闻舆论工作座谈会重要讲话精神》，http://politics. people. com. cn/GB/8198/402525/，2016 - 02 - 19。
④ 何霞：《越南电信发展与政府管制》，《通信企业管理》，2002 年第 3 期。

网后发国家可以理解，但是毫无疑问对越南的信息技术和互联网产业发展有害无益。同样，在中国早期的网络治理理念中，越南的这种思维也有不同程度的表现。在一段时期内，未能真正把信息化与现代化结合起来思考，未能真正认识到信息技术对社会主义事业的重要作用，成为两国网络治理理念不够开放和创新的主要症结所在。

二是网络治理格局需要不断完善和优化升级。在中国，20 世纪 90 年代由邮电部、电子部、信息办和中科院四个单位形成互联网治理的最初格局。1999—2004 年，由信息产业部担任主导部门，开始形成包括网信办、公安部、文化部、国家工商总局等多部门分头管理的互联网治理"九龙治水"初步阶段。2005—2013 年，从早期的产业主导阶段，到后来的内容主导阶段，中国的互联网治理被提升到国家安全的战略高度。2014 年 2 月，成立了中央网络安全和信息化领导小组，统筹协调中国的网络安全和信息化建设重大问题，涉及经济、政治、文化、社会、军事等各个领域，形成了互联网治理的高规格机构，有效整合了互联网治理力量，优化了互联网治理格局。① 在越南，近 20 年来也采用政府主导的互联网治理模式。从"严格控制"到"推动普及"，再到"促进发展"，越南走出了一条独特的互联治理之路。目前，越南有多个部门直接和间接参与互联网治理：互联网技术标准与质量、互联网基础设施建设、互联网收费等由信息通讯部管理；网络出版和知识产权由出版局管理；互联网内容由新闻局管理；网络有害信息、网络犯罪、网络安全由公安部监管；网络游戏、网吧由文化、体育与旅游部管理；网络运营、接入及安全问题等由贸易工业部管理。② 由于缺乏更高层次机构的协调和统筹，一定程度上造成了"条块分割"、效率低下。

三是网络治理手段难以适应互联网发展需要。治理手段表现为互联网治理的具体措施、途径和方法，是互联网治理实践的主要体现。由于互联网发展时间较晚、基础较薄弱和社会治理水平的整体局限，中国越南的网络治理手段存

---

① 方兴东、张静：《中国特色的网络治理演进历程和治网之道》，《汕头大学学报（人文社会科学版）》，2016 年第 2 期。

② ［越］陈氏美河：《越南互联网管理模式探析》，华南理工大学硕士留学生学位论文，2011 年，第 13 - 18 页。

在明显的不足和缺陷，一段时间之内表现为：第一，行政手段较多，综合治理较少。由于采用政府主导型的互联网治理模式，甚至在治理的早期该模式可以称为政府"控制型"模式，因此行政手段是其典型特点，即政府在互联网治理中大包大揽，从法律法规、标准设定到资费服务、基础设施，都由政府事无巨细地承担起来，市场机制、社会组织机制和个人作用微不足道。即使其后市场经济的作用逐步发挥出来，但是一旦与行政手段发生冲突，也往往要被迫让路、退居其后。第二，强硬手段较多，柔性手段较少。在互联网治理的初期，两国政府比较强调从行政管控的角度，对违章的互联网活动采取强制措施，对违规的互联网经营进行"关停"，倾向于政府部门单边行动、速战速决，对话、协商、预警、仲裁、行业约束等柔性手段和灵活处置运用的十分不够，给外界留下互联网治理的严厉形象和刻板印象。第三，技术手段较多，管理技巧较少。在两国的互联网治理上，一度进入"工具主义"的误区，即花费大量物力财力在互联网控制技术上，希望通过掌握先进信息技术手段进行网络治理和社会治理，忽视了互联网治理主要是一项综合的管理工程和建设工作，技术手段在其中仅仅起到一部分作用，而且只能治标，难以治本。

四是网络人才培养难以满足经济社会发展需要。人才是进行互联网治理的基础和保障，网络强国首先必然是网络人才强国，难以想象缺乏人才队伍支撑的互联网治理实践。虽然越南在进一步扩大信息技术人力资源培养规模，越来越多的高等院校设置了与该领域相关的专业，据统计，越南国内开设信息通讯技术专业的大专院校共290所，招生人数达64796人，开设电子商务专业学校有77所（大学49所，大专28所），共有30万人从事信息技术行业。[①] 但是越南仍然存在信息技术人力资源质量较低、培训情况与社会需求不协调、信息技术学生的软件技能和外语水平低、青年资源尚未得到企业关注等问题。中国的情况与越南比较相似。21世纪以来，伴随着互联网日新月异的发展，计算机信息化相关专业在中国大学成为"热门"和"显学"，为数不少的学生将网络信息化方向作为学习专业和择业目标。从总量上看，网络人才队伍有了很大的充实。

---

① 古小松、罗文青：《越南经济》，世界图书出版公司，2016年版，第252-253页。

但是，从队伍结构和质量上看，整体质量不高、素质参差不齐、与发达国家相比存在较大差距是突出的现实问题。再加上互联网治理本身也需要精通网络技术、法律素养和管理经验等方面知识技能的专门人才，而这些人才在互联网实践并不丰富、历史并不长的国家比较匮乏，进一步制约了互联网治理的水平和效果。针对网络人才紧缺的问题，2017 年至 2027 年期间，中国将大力实施一流网络安全学院建设示范项目，建成 4 至 6 所网络安全学院，这些学院在国内业界公认，在国际上具有影响力和知名度，成为打造网络安全人才培养的"黄埔军校"。① 总体来看，两国网络人才队伍的现状与互联网善治的人才需求之间的张力是现实的、突出的、紧迫的。

---

① 中国青年网：《我国将在十年间建成 4 至 6 所世界一流网络安全学院》，http：//news. youth. cn/jy/201708/t20170816_ 10523719. htm，2017 – 08 – 23。

第3章　中国越南互联网治理理念比较

思想是实践行动的先导，理念是现实工作的指南。理念指一种理想的、永恒的、精神性的普遍范型。① 理念位于整个治理体系的最顶层，决定着治理的模式，落实为治理的策略。笔者认为，可以将互联网治理理念界定为"关于互联网治理的一整套价值观念和思想主张"。可以说，有什么的互联网治理理念，就会形成什么样的互联网治理模式，进而产生什么样的互联网治理策略。因此，论文由互联网治理理念比较切入，系统分析中国越南互联网治理的异同。

3.1　中国互联网治理理念

21 世纪以来，伴随着中国互联网的日新月异发展和中国网民人数不断增长，互联网不断融入中国经济社会发展进程之中，中国党和政府开始高度重视加强和创新互联网治理问题。2011 年，在加强和创新社会管理的大背景下，中国提出了要把对虚拟社会的管理纳入其中，把网络虚拟社会与现实社会的管理统筹起来。中国共产党的十八大以来，把互联网治理问题放到国家治理体系和治理能力现代化中进行统筹考虑。2013 年，《中共中央关于全面深化改革若干重大问

---

① 《辞海》第六版（2009 年版）对"理念"一词的解释有两条，一是"看法、思想、思维活动的结果"，二是"观念"（希腊文 idea），通常指思想。

题的决定》提出了互联网治理中"坚持积极利用、科学发展、依法管理、确保安全的方针"，进一步提升了互联网治理的格局和视野，形成了一整套互联网治理思想和理念。在此过程中，习近平关于互联网治理作出了一系列重要讲话，成为中国互联网治理理念中的思想精华和核心要义，对中国互联网治理实践产生了深远影响。①

3.1.1　树立建设网络强国的目标

中国党和政府清醒地认识到，尽管中国互联网已初显大国风范，网民数量、宽带网民数和国家顶级域名注册量已跃居世界第一。然而，网络大国并不等于网络强国，"大而不强"的问题困扰着中国。网络强国集中体现在硬实力和软实力上。一方面，需要拥有先进的信息科技和庞大的网民规模；另一方面，更为能够将互联网运用转化为发展生产力和国家治理的能力和水平，拥有国际互联网治理的话语权和规则制定权，则显得更为重要。

现实来看，与网络强国相对照，中国互联网发展的城乡差异还比较大，不同地区存在较为明显的"数字鸿沟"，人均带宽与发达国家差距不小，互联网发展的自主创新能力不足，技术低端复制的痕迹一定程度存在，运用互联网服务国家治理的水平还处于初级阶段。同时，互联网安全面临艰巨考验，成为网络攻击的主要受害国之一。社会转型期的各种现实社会中的问题在虚拟社会中暴露。互联网成为思想舆论交锋的主战场和主平台，进行着复杂激烈的意识形态渗透和反渗透斗争。一言以蔽之，已经成为"网络大国"的现实使得互联网治理和国家治理、互联网安全和国家安全更紧密地结合在一起，形成了"没有网

---

① 参见：陈万球、欧阳雪倩：《习近平网络治理思想的理论特色》，《长沙理工大学学报（社会科学版）》，2016 年 3 月；朱巍：《习近平互联网思想体系的辩证分析》，《中国广播》，2016 年第 4 期；史为磊：《习近平网络治理思想探析》，《贵州省委党校学报》，2016 年第 6 期；吴现波、李卿：《习近平互联网治理思想的基本论点及价值》，《中共云南省委党校学报》，2016 年第 4 期；朱锐勋：《试析习近平网络安全和信息化战略观》，《行政与法》，2016 年第 2 期；王海：《习近平互联网治理的思维方法探析》，《中共云南省委党校学报》，2016 年第 4 期；姬全生、梁虹：《习近平网络安全思想探析》，《重庆与世界（学术版）》，2016 年第 2 期；孙强：《乌镇讲话彰显习近平网络强国战略的思想内核》，《中国信息安全》，2016 年第 1 期；等等。

络治理就难有国家治理""不是网络大国就难成现实大国"的基本判断，促使甚至"倒逼"中国提出"网络强国"的互联网治理目标，即通过不断发展和治理互联网，实现执政党"两个一百年"奋斗目标和国家治理体系和治理能力现代化的战略目标。

　　为此实现这一目标，中国党和政府部署建设网络强国战略任务。2014 年 2 月 27 日，中央网络安全和信息化领导小组成立。第一次会议上便提出了建设"网络强国"的战略目标。同时，提出从信息技术、网络文化、信息经济、人才队伍和国际交流等五方面来实现网络强国目标。① 2015 年 10 月，《中共中央关于制定国民经济和社会发展第十三个五年规划的建议》提出了网络强国战略、"互联网 +"行动计划、分享经济、国家大数据战略等在内的一系列互联网发展措施。② 将"互联网 +"行动计划、国家大数据战略等作为实施网络强国战略目标的具体举措提出来，进一步丰富充实了建设网络强国战略的主要内容和实现方式。2016 年 10 月 9 日，中共中央政治局第三十六次集体学习围绕"实施网络强国战略"开展。习近平强调了包括加快信息技术自主创新、加快数字经济推动经济发展、加快网络管理水平提升、加快网络空间安全防御能力、加快网络社会治理、加快互联网治理国际话语权建设等在内的六个"加快"。通过提出六个"加快"，明确了网络强国建设的支撑点和着力点，彰显了中国执政党建设网络强国的意志决心和责任感紧迫感。

　　现实来看，中国党和政府树立建设网络强国的互联网治理理念，顺应了互联网时代发展潮流，积极推进信息化视事业，着力维护网络安全，精心描绘宏伟战略，细致制定实现方案，体现了不遗余力开展互联网治理的前瞻视野、坚强意志和创新精神。

---

① 　中国中央政府网：《中央网络安全和信息化领导小组第一次会议召开》，http：//www. gov. cn/ldhd/2014 - 02/27/content_ 2625036. htm，2014 - 02 - 27。

② 　新华网：《中共中央关于制定国民经济和社会发展第十三个五年规划的建议》，http：// news. xinhuanet. com/fortune/2015 - 11/03/c_ 1117027676. htm，2015 - 11 - 03。

3.1.2 坚持发展与治理同步进行

世界各国对互联网发展的特性和规律有着共识，即主要表现为开放性、交互性、快捷性和全球性。只有按照互联网的这些特性和规律进行有针对性的治理，才能产生积极成效。

在互联网发展与和治理问题上，世界上主要存在三种不同的观点：一种观点认为，互联网的自由开放应当不受限制，任何权力机关对互联网的管理将侵害网络自由，摧毁互联网存在的价值。尤其是在互联网发展的早期，诸多学者持这种观点。1996 年，约翰·巴罗在《网络空间独立宣言》中表示，互联网可以通过自己的力量实现良性治理，政府不应该加入其中，否则就会毁掉互联网。互联网应当将法律、警察、政府和公司等完全排除在外。① 尼古拉斯·尼葛洛庞帝指出"法律是现实世界的存在物，互联网空间没有法律存在必要"。② 凯文·凯利也认为"互联网是世界上最大的无政府组织空间。它不需要人控制，也不需要人负责，更不需要接受管理和检查。"③ 根据他们的观点，政府干预和治理的唯一后果就是扼杀互联网空间中的创造与革新。第二种观点认为，互联网发展和网络信息传播给国家经济社会发展和政权稳定带来很大的不确定性，甚至成为一些网络霸权国家推行政治渗透和政治颠覆的主要途径和手段，尤其是对互联网后发国家而言是祸患而不是红利，其带来的现代化积极效果远小于负面影响。为了彻底隔绝互联网的这些消极因素，应当采用各种方法禁止国际互联网连接，将国家隔离在互联网时代之外，保证社会不受到互联网"污染"。④ 与以上不同的第三种观点认为，"坚持发展与治理同步进行"应当是互联网治理的基本理念。包括互联网在内的很多现代技术既有重要的价值和意义，

---

① John Perry Barlow，"*A declaration of the independence of cyberspace*"，https：//www. eff. org/cyberspace – independence. 2014 – 03 – 08.

② ［美］尼古拉斯·尼葛洛庞帝：《数字化生存》，胡泳译，海南出版社，1997 年版，第77 页。

③ K Kelly，*Out of Control*：*the New Biology of Machines*，*Social Systems and Economic World*，Basic Books，1995，pp. 23 – 28。

④ 阚道远：《朝鲜互联网发展现状及其政治影响评析》，《现代国际关系》，2014 年第 2 期。

能够促进经济社会发展和福利水平提高，同时，也会威胁人身安全和国家安全，带来严重损失和危害。因此，"安全是发展的前提，发展是安全的保障，安全和发展要同步推进"。① 所以，该观点主张在大力发展互联网信息技术的同时，不遗余力地开展互联网治理。最大限度地发挥互联网的积极效应，最大限度地限制互联网的消极因素；要两手抓，两手硬，绝不能有所偏废。

事实证明，一方面，随着互联网迅猛发展和问题涌现，网络犯罪每年在全球范围内造成的经济损失达 4450 亿美元，并且呈逐年上升趋势。② 互联网治理的呼声日益高涨，"网络空间并非'法外之地'"，③ 决不能对网络空间的违法犯罪问题坐视不理，对互联网放任发展的主张很难立足。另一方面，互联网全球普及和无孔不入的发展大势很难阻挡，一味隔绝和自我封闭，不仅维持不了"世外桃源"的局面，反而会使国家和社会在网络时代滞后落伍，最终被网络信息化的大潮淘汰，也并非明智之举。因此，"坚持发展与治理同步进行"的观点在现阶段最具有现实性、可行性，也较为符合互联网后发国家的面临的基本情况。

中国互联网发展是全球信息革命的重要组成部分和成果直接体现，是中国经济社会发展进步到一定阶段的产物。中国互联网治理一方面要尊重互联网治理的一般规律，同时，也要符合中国特殊的国情，走中国特色的互联网治理之路。因此，中国互联网治理是普遍性原理和特殊性原理的有机结合的生动体现。

2016 年 4 月 19 日，在网络安全和信息化工作座谈会上，习近平表示，虽然中国接入国际互联网时间不长，但是，网络信息化事业是崭新的事业，代表了新科技和新生产力，中国完全能够在互联网发展和治理上践行新发展理念，宣示了中国大力发展互联网、绝不满足现状沾沾自喜的信心和决心。

同时，习近平表示，要高度重视互联网的治理问题，正确处理"安全和发

---

① 新华网：《在网络安全和信息化工作座谈会上的讲话》，http：//news. xinhuanet. com/newmedia/2016 – 04/26/c_ 135312437. htm，2016 – 04 – 26。

② 人民网：《网络犯罪每年造成的经济损失达 4450 亿美元》，http：//world. people. com. cn/n/2014/0610/c1002 – 25125418. html，2014 – 06 – 10。

③ 新华网：《在网络安全和信息化工作座谈会上的讲话》，http：//news. xinhuanet. com/newmedia/2016 – 04/26/c_ 135312437. htm，2016 – 04 – 26。

展、开放和自主、管理和服务"三对关系,决不能顾此失彼,一手硬一手软。这进一步明确了互联网治理过程中三对重要的辩证关系,而这些关系的处理是对中国作为互联网世界"后来者"挑战和考验,也是展现中国特色互联网治理的三个维度和视角。他同时指出,信息共享不够,资源统筹不足、工作协调困难是国家治理中的现实问题,要发挥信息治理的重要作用,推进国家治理体系和治理能力现代化,提升国家治理效率和服务水平。

现实来看,中国否定了"放任互联网发展"和"隔绝互联网影响"这两种错误观点,更加客观辩证地看待互联网发展问题。既能积极迎接信息全球化浪潮挑战,大力发展互联网,又能根据互联网发展特点和本国国情,不遗余力有效治理互联网。同时,中国对互联网发展和治理的审视,跳出了单纯的技术层面和工具范畴,放在国家治理的大格局中来谋划互联网发展和治理问题。换句话说,互联网治理问题绝不是低层次、小领域的"网言网语",而是关系到国家治理高层次、大全局的"宏观战略"。这一互联网治理理念的定位,体现了中国党和政府在信息时代的深谋远虑和战略思维。

3.1.3　维护网络主权和网络安全

网络主权,是国家主权权利在网络空间中的自然延伸和表现。① 国内而言,网络主权是指在发展和治理互联网上能够独立自主,不受干涉。外部而言,网络主权是指互联网设施和网络空间不受到他国的渗透和袭击。

互联网并非法外之地。但是,一旦缺乏法律规制和依法治理,互联网空间就有可能成为违法犯罪行为横行之地,严重侵害国家、社会和公民权益。从国际层面上说,由于存在互联网发展技术水平上的巨大差异,跨国网络渗透、网络窃密、网络攻击、网络黑客行为愈演愈烈,成为侵害一国主权安全的重要新因素新变量,并引发了诸多国际摩擦和国际冲突,越来越受到国际社会关注。因此,中国党和政府高度重视网络安全和网络主权。

在 2014 年 11 月 19 日致首届世界互联网大会的贺词中,习近平指出,互联

---

① 若英:《什么是网络主权?》,《红旗文稿》,2014 年第 13 期。

网发展一定程度上有力地挑战了国家主权、传统安全和社会稳定，绝不能听之任之，要"尊重网络主权，维护网络安全"。① 2014 年 7 月 16 日，在巴西国会的演讲中，习近平强调，要切实维护每一个国家的网络主权。不能让一国安全，他国受损；也不能让某些国家安全，另一些国家受损；更不能将自身安全建立在别国安全受损的基础之上，谋求所谓的"绝对安全"。2015 年 12 月 16 日，习近平在第二届世界互联网大会上指出，国际互联网治理要积极改变目前的国际互联网治理不公平不合理的旧秩序，要尊重各国选择互联网治理道路、治理模式、治理政策和平等参与国际互联网治理的权利，不得推行霸权、横加干涉，也绝不从事危害他国互联网治理权益和国家主权的事情。2016 年 10 月 9 日，在中央政治局第三十六次集体学习时，习近平再次强调"要理直气壮维护我国网络空间主权，明确宣示我们的主张"。②

在积极宣传维护网络主权和网络安全的互联网治理理念同时，中国加大网络安全的立法工作，制度建设动作频频，实现互联网治理理念到互联网治理制度成果的迅速转化。2016 年 11 月 7 日，《中华人民共和国网络安全法》经由第十二届全国人民代表大会常务委员会表决通过。《网络安全法》提出了明确的"网络空间主权原则"，一方面能够更好地保护公民的互联网权益，另一方面能够促进网络空间安全和有序发展，是中国互联网实践发展到一定程度之后必要和及时的法律呈现，对中国互联网发展和治理提供了强有力的法律遵循和法律保障，具有重要的里程碑意义。2016 年 12 月 27 日，中央网络安全和信息化领导小组批准了《国家网络空间安全战略》。该文件明确指出，一国的网络主权和网络安全应当被尊重和维护。任何国家不得干预其他国家互联网治理的道路选择、方法手段和侵害其他国家平等参与互联网国际治理的权益。文件宣示了中国关于全球互联网发展和治理的重大原则立场，对于维护中国在内的广大发展中国家网络空间主权和利益具有重要的现实意义。

---

① 新华网：《习近平致首届世界互联网大会贺词全文》，http：//news. xinhuanet. com/live/2014 - 11/19/c_ 127228771. htm，2014 - 11 - 19。
② 新华网：《习近平：加快推进网络信息技术自主创新 朝着建设网络强国目标不懈努力》，http：//news. xinhuanet. com/politics/2016 - 10/09/c_ 1119682204. htm，2016 - 10 - 09。

由此观之，坚定不移地维护国家的网络主权和网络安全成为中国互联网治理的一条主线，贯穿中国执政党提出互联网治理理念的始终，并在治理理念的思想体系中位于极为核心的地位。换而言之，主权立场和安全诉求成为中国互联网治理的底线标准、红线标准，只能坚持，不能动摇，这在中国党内国内形成了高度统一的思想共识，也是中国作为一个互联网快速发展的发展中国家的最基本政治态度。

3.1.4　倡导全球互联网良性治理

当前，世界大多数国家怀着建立更加公平合理的互联网全球治理体系的共同诉求。如互联网研究专家伊玛·图拜乐所言，全球化时代产生了复合型相互依赖的复杂局面。① 这种复杂局面使得任何一个国家企图仅靠一己之力治理互联网成为枉然。2003 年开始，联合国特别组建了互联网治理工作组，对全球网络空间治理存在的问题进行持续调查和分析。这些情况主要表现在：缺乏全球性的沟通机制；互联网发展的"南北问题"；亟待提高的各国及地方政府的互联网管理能力；层出不穷的网络安全问题及其背后所隐含的缺乏国际互信的问题。显而易见的是，伴随着全球网络空间的扩散，大多数国家的利益和诉求难以通过目前的网络空间治理机制和规则得以准确表达和实现，需要进行必要的变革才能实现互联网全球治理的民主化。

当今世界，存在两类极不相同的全球互联网治理主张。其中一类以美国为典型代表，在网络主权问题上采取模糊立场，甚至反对主权原则适用于互联网空间，夸大主权原则对信息流动、数据分享之间存在的紧张关系。与此同时，却积极利用本国国内法延伸处理互联网治理国际纠纷，控制互联网关键基础设施、核心数据资源和对枢纽互联网资产的越境管辖。并用维护国际互联网联通和信息流动等借口，对本国从事的信息渗透、情报窃取、价值输出等网络霸权行为进行包装和掩饰，其冷战思维和自私自利对国际互联网良性治理形成了直

---

① 张国庆：《互联网全球治理的国际意义》，《中国社会科学报》，2015 年 12 月 18 日第 5 版。

接挑战和威胁。

另一类，以中国等发展中国家为典型代表，要求在国际关系民主化和发展模式多样化的主张下，尊重各国互联网治理的不同选择。维护国家互联网主权，保障每个主权国家的互联网安全，积极倡导变革现有的全球互联网空间治理秩序，构建不同国家之间平等对话、协商合作的互联网治理新机制，促进国际互联网安全和发展。反对西方大国将自身标准强加于人，不赞同强行输出互联网治理模式和主张，更反对互联网强国利用技术优势搞信息窃取和政治渗透。

在斯诺登将"棱镜"项目曝光之前，美国对俄罗斯、中国等国家持续发难，指责其威胁全球网络安全。但是，随着"棱镜"项目全球监控的内容大白于天下，世界各国意识到，美国才是网络安全的最大威胁。美国的干预和搅局则是建立全球互联网治理新秩序的最大障碍。美国的真面目暴露之后，中国提出的加强全球互联网合作及共同应对网络安全挑战主张，得到了越来越多国家的赞同和支持。2014 年开始，中国向网络强国迈进，开始系统形成推进互联网全球治理体系建设的新观点新理念，并利用各种国际场合积极阐述和传播理念。其中，2014 年在巴西国会的致辞和写给首届世界互联网大会的贺词中，习近平代表中国对此问题进行了系统而完整的阐述。具有里程碑意义的事件是，2015 年 12 月 16 日在第二届世界互联网大会开幕式上，中国向全世界提出了推进全球互联网治理体系变革的"四项原则"① 和共同构建网络空间命运共同体的"五点主张"②。笔者认为，"四项原则"和"五点主张"的提出是中国关于全球互联网治理理念成熟定型的重要标志，体现了中国在全球互联网治理中的大国风度和大国担当，贡献了中国方案和中国智慧，一定程度上增强了中国在全球互联网治理议题上的国际话语权和大国公信力。

---

① 即坚持"尊重网络主权、维护和平安全、促进开放合作、构建良好秩序"。
② 即"加快网络基础建设，促进互联互通；打造文化交流平台，促进交流互鉴；推动网络经济创新发展，促进共同繁荣；保障网络安全，促进有序发展；构建网络治理体系，促进公平正义"。

3.2 越南互联网治理理念

近年来，越南信息技术产业呈爆发式发展，成为世界上增长最快的信息技术和电信市场之一。目前，在 35 岁以下的越南人口中有 60% 接触到新技术，全国过半人口使用互联网。2016 年，越南手机、电脑、相机和零部件出口额达 550 亿多美元。越南已跻身亚太地区前十大及世界前三十大软件外包市场。① 越南党和政府高度重视互联网治理，形成了一整套互联网治理理念和原则。

3.2.1 大力发展互联网科技

越南的互联网科技起步较晚，与世界先进水平尚有相当大的差距。互联网科技水平主要取决于互联网相关产业的发展规模和水平。而越南的基本情况是：信息产业的发展规模不大；2008 年金融危机以来，企业营业收入速度有下降趋势；信息技术企业管理能力及水平不高；信息技术产品推出市场但没有注册商标等。此外，电子信息产品吸收较多外资，但附加值较低，且无技术转让；软件产业竞争力较弱，缺乏高技术人才；信息技术版权及知识产权保护方面存在较多问题。这些情况给越南的经济发展和网络安全带来较大问题。因此，越南将大力发展互联网科技作为互联网治理的主要议题之一加以关注。

2010 年越南政府正式批准《使越南早日成为信息传媒技术强国》方案，确定信息技术产业为基础设施，并由政府总理担任信息技术委员会主席。从 2014 年起，越南努力实现信息技术营业收入以年均 2—3 倍的速度增长，到 2020 年，将信息技术工业增加值占 GDP 的比重提升至 8%—10%，宽带覆盖率达 95%。②

---

① 越共电子报网站：《阮春福总理与世界经济论坛信息技术领域执行总裁进行对话》，ht-tp：//cn. dangcongsan. vn/news/阮春福总理与世界经济论坛信息技术领域执行总裁进行对话 - 424439. html，2017 - 04 - 23。

② 中华人民共和国商务部网站：《越南重视发展信息技术工业》，http：//www. mofcom. gov. cn/article/i/jyjl/j/201402/20140200498099. shtml，2014 - 02 - 14。

2015 年，时任越南总理阮晋勇批准规划，越南信息技术工业"将变成经济高速、稳定发展、营收高、出口价值大的行业"，这是至 2020 年越南信息技术工业发展计划的目标，也是至 2025 年的远景规划。① 根据至 2025 年的目标，越南将具有充足的能力开发、生产信息技术工业的各种产品和服务，很好地满足国内外市场需求，夯实知识经济发展基础，为信息系统自主并确保国家数字主权和信息安全贡献力量。2016 年越南总理阮春福强调，越南正在大力展开经济结构调整和经济增长模式转型，其中主要依靠高新技术、高素质人力资源和创新创业。在此基础上，要加大在经济社会各领域上的信息技术、高新技术和数字技术应用力度，从而革新法律体制、简化行政手续、提高竞争力、建设廉政的创新型政府，为人民和企业提供优质服务。② 越南党和政府决定，"全国电信企业继续集中发展基础设施，应用现代技术，确保向人民提供良好服务"，"将信息技术应用于各个经济活动，有利于形成无边界的数字经济体，并带来高利润"。③ 2016 年，牛津经济研究院的报告指出，近 5 年来，移动互联网技术应用已为越南国内生产总值贡献 37 亿美元。预计在未来 5 年，该数字将增至 51 亿美元。④ 总之，越南党和政府希望将国家打造为互联网信息科技强国，2010—2020 年越南将总计投放 85 亿美元发展信息和通信技术，以使越南成为一个强大的信息和通信技术国家，国际电信联盟也将越南列为继中国之后增长最快的电信市场。

"在新背景下，越南将继续把信息技术视为新发展方式的关键因素，同时也是国家发展和现代化事业的重要动力，有助于全面提高国家竞争力和融入国际社会能力等。"⑤ 由此可见，越南党和政府将发展信息技术和相关产业作为越南

---

① 新华网：《越南未来 10 年着力打造信息技术工业》，http：//news. xinhuanet. com/world/2015 - 03/27/c_ 127630086. htm，2015 - 03 - 27。
② 中越之家网站：《越南政府总理阮春福出席 2016 年信息技术与传媒高级论坛》，ht-tp：//www. zyzj. com. cn/law. php？aid = 13165，2016 - 11 - 18。
③ 越南通讯社：《2016 年互联网日—数字内容对互联网经济的贡献》，http：//zh. viet-namplus. vn/2016 年互联网日数字内容对互联网经济的贡献/59639. vnp，2016 - 12 - 30。
④ 南博网：《未来 5 年移动互联网为越南 GDP 贡献 51 亿美元》，http：//www. caexpo. com/news/info/industry/2016/08/04/3664688. html，2016 - 08 - 04。
⑤ 中越之家网站：《第 15 届东盟电信和信息技术部长会议在越南岘港市拉开序幕》，ht-tp：//www. zyzj. com. cn/law. php？aid = 6982，2016 - 10 - 30。

经济增长和发展转型的重要引擎来重视，下大力气解决越南互联网科技基础薄弱的问题，为互联网良性治理提供坚实的技术保障和经济支撑。

3.2.2　促进互联网成果转化

没有互联网技术发展就难有社会信息化，但是仅有技术支撑而缺乏社会运用，技术发展就显得单薄和缺乏后劲。将互联网发展成果转化到经济社会发展中，最大限度地惠及人民生活，这是互联网治理的题中应有之意，也是越南的出发点和落脚点。由于越南的信息化基础比较薄弱、人民群众思维方式相对传统，在互联网技术成果转化上，存在着一些现实问题，需要越南党和政府运用新思维新理念加以引导和破解。

例如，电子商务是目前在全球发展迅猛的新经济形态。但是由于存在各种限制性因素，越南的网上零售发展依然相对缓慢，与发达国家相比存在不小差距。研究发现，支付手段问题是越南网上零售发展受限的首要问题。[1] "2013年电子商务报告"显示，热衷使用现金的越南人占74%，能够考虑接受转账支付的人占41%，愿意在线支付的人仅占8%。[2] 81%的越南网民上网是为了获取更多新的信息，而33%的会上网玩网络游戏。这表明较多越南人尚未树立互联网商务思维，不信任在线支付，将网络主要用来获取信息、娱乐等而不是进行商业，这一社会心态较大地制约了越南电子商务的发展，导致越南电商网站质量参差不齐、信用卡或银行卡使用率不足、网络基础设施配套的动力不足等问题，影响了信息技术成果的经济社会转化效应。

因此，越南党和政府的互联网治理思路包括通过整体规划、建章立制和社会宣传，积极推动互联网科技发展成果向深度转化。针对上述电子商务问题，越南通过了《2016—2020年电子商务发展总体规划》。规划提出了越南电子商务在基础设施、市场规模、企业和政府应用程度等4个方面的发展目标；建立

---

① 中华人民共和国商务部网站：《目前越南电子商务发展相对滞后》，http：//www.mof-com.gov.cn/article/i/jyjl/j/201410/20141000771904.shtml，2014 - 10 - 07。

② Ebrun网站：《越南电商网站达数十万市场增速达300%》，http：//www.ebrun.com/20140916/110326.shtml，2017 - 02 - 20。

支持电子商务健康快速发展的相对成熟完善的法律法规体系；建设和发展包括结算系统、管理系统、评价系统等在内的相对完备的电子商务安全系统。越南还提出，力争到 2020 年，人均网上购物消费金额达到 350 美元，30% 的越南人习惯在网上购物。B2C（企业与消费者）电子商务交易额年均增长 20%，达 100 亿美元，占全国商品零售和服务总额的 5%。跨境电子商务快速发展，B2B（企业与企业）电子商务交易额占进出口总额的 30% 等。① 可以预见，在越南党和政府大力促进互联网成果转化的治理理念指导下，越南的电子商务一定会得到快速的发展，为人民生活和商业繁荣增添动力。

3.2.3 全力保障互联网安全

如前所述，互联网安全问题是越南互联网治理过程中极为重要的核心问题，受到越南党和政府的高度重视。尤其是越南相对落后的信息技术水平（与西方发达国家的差距，甚至与中国的差距），使得越南当局对互联网治理中的安全问题始终忧心忡忡、十分敏感。

根据越南方面的评估，越南仍是对互联网攻击防御力最薄弱的国家之一，40% 的网页包含安全漏洞，78% 的政府域名网站安全系统非常薄弱，网络安全专家的能力很弱。② 越南党和政府认为，这已经威胁到了越南国家主权、国家利益和国家安全，对经济社会发展和党的执政地位都产生了重大影响。在此背景下，2013 年 9 月 1 日，越南实施"72 号令"，加强互联网监管，规定网民仅能在社交网站、微博和博客上发布"个人信息"，不得涉及"公共信息"，互联网服务供应商不得发布任何反对越共、破坏社会稳定和国家团结统一的信息，在越南营运的外国互联网公司一律不得将服务器部署在越南国境之外。这些举措受到国际舆论的广泛关注和西方国家、某些国际组织的批评指责。但是，越

---

① 中华人民共和国商务部网站：《越南政府批准 2016—2020 电子商务发展总体规划》，http：//www.mofcom.gov.cn/article/i/jyjl/j/201608/20160801381767.shtml，2016 – 08 – 13。

② 环球网：《越南网络被指存巨大隐患 2014 年近 6000 网站遭攻击》，http：//world.huanqiu.com/exclusive/2015 – 05/6446321.html，2015 – 05 – 28。

南当局丝毫不为所动，在维护互联网安全方面频频出手，充分体现了其互联网治理的核心理念。越南总理阮晋勇在部署 2015 年工作任务时，强调净化网络空间，加大社交网络信息规范，通过互联网信息来引导舆论的重要性。2017 年伊始，越南国家主席陈大光视察访问越南网络安全局，强调互联网安全对越南的重大意义，并对新形势下互联网安全工作作出部署。①

越南不仅仅通过行政命令和行政法规来保证互联网安全，还适时将互联网安全治理上升到国家法律层面。2015 年越南国会颁布的《网络信息安全法》"规定了机构、组织和个人在保护网络信息安全过程中的网络信息安全活动、权利和义务；民用密码；网络信息安全的技术标准与规范；信息安全业务；网络信息安全的专业人才培养；网络信息安全的国家治理。"② 《网络信息安全法》是越南关于互联网安全的上位法，也是越南互联网治理中"全力保障互联网安全"理念的法律呈现，对于进一步规范越南互联网安全治理实践，提升互联网安全治理的法律效力具有重要意义。

概括起来，越南党和政府互联网安全治理的主要思路是：搞好网络安全顶层设计，"将信息安全保密同经济发展相结合"，出台加强信息安全保密战略方案；以《网络信息安全法》贯彻实施为抓手，健全互联网安全治理的法律框架；整合网络安全力量，充分发挥越南网络安全局等机构的职能，提高打击互联网犯罪和渗透行为的能力；提升网络安全意识，形成全社会重视互联网安全的共识。

3.2.4 加强国际合作推动治理

越南作为一个典型的外向型经济国家，经济基础比较薄弱，对外依存度较高，对海外市场和国际经验十分敏感。同样，在互联网治理上，越南党和政府

---

① 《越南国家主席陈大光视察越南网络安全局并寄予新年问候》，http：//nguyen-phutrong.org/chu－tich－nuoc－kiem－tra－cong－tac－va－chuc－tet－cuc－an－ninh－mang.html，2017－01－22。

② 中国信息安全法律网：《越南网络信息安全法》，http：//www.infseclaw.net/news/html/1247.html，2017－01－30。

认识到仅靠一国之力十分有限，需要树立国际视野，充分借鉴和利用国外的互联网治理技术、经验和方法，实现越南互联网治理水平的快速提升。

在多边区域合作上，越南主要是在东盟的框架内实现互联网治理的交流分享和协同互助。作为东盟成员国，越南积极参加"东盟网络安全部长级会议"、"东盟信息及电信部长级会议"等组织，发挥东盟秘书处对建设推进东盟乃至全球网络空间发展的共同准则的协调作用，强调将努力维持地区层级对话机制，就网络安全、网络安全战略的策划、实现互联互通、吸引私人投资等问题进行探讨。① 越南参加"防范和打击对东盟和日本的网络敲诈勒索犯罪行为"网络安全演习，加强东盟和日本在应付网络安全问题上的合作。越南致力于探讨和分享应对紧急情况的经验，寻找最快速的反应途径，能以最有效的方式回击来自网络黑客的威胁，有助于提高越南对网络安全的管理能力，同时提高应急能力，有效降低网络活动的风险。②

在与发达国家的双边合作上，越南与日本的互联网治理交流较为密切，越南媒体称"越日信息技术领域合作迎来新机遇"。越南信息技术企业制定长期投资战略，推进人力资源建设，提升商品质量，满足日本企业要求。③ 越南已制定诸多政策，以推动信息技术行业的发展，并按照国际标准培养高素质的信息技术人才等。越南寻求日本在信息技术领域向越南提供更多支持，按照日本信息技术技能标准重新制订相应的技能标准考试计划，为越南各大学提供信息技术人才培训方面的援助。④

在与互联网国际组织的交流方面，越南积极参加国际电信联盟等国际组织的活动。例如，越南政府积极响应国际电信联盟"到2020年宽带网络基础设

---

① 中越之家网站：《东盟各国努力制定确保网络安全的合作机制》，http：//www. zyzj. com. cn/law. php? aid = 13373，2017 – 02 – 23。

② 中越之家网站：《2016 年东盟和日本网络安全演习拉开帷幕》，http：//www. zyzj. com. cn/law. php? aid = 11038，2017 – 03 – 20。

③ 中越之家网站：《越日信息技术领域合作迎来新机遇》，http：//www. zyzj. com. cn/law. php? aid = 6892，2017 – 02 – 23。

④ 中越之家网站：《越日加大信息技术人才培训合作力度》，http：//www. zyzj. com. cn/law. php? aid = 13131，2017 – 02 – 22。

施"的发展项目的呼吁，批准"到2020年宽带网络基础设施"的发展项目，推动信息、科技应用与发展的决议，满足融入国际社会和可持续发展的要求，构建服务便捷、快速畅通及安全的宽带网络基础设施。① 同时，越南官方和电信龙头企业加大与包括微软在内的世界先进互联网公司合作，开展包括云计算、信息保密、智能城市等领域交流，不断提升越南信息技术水平。②

总之，越南党和政府虽然面临互联网治理较大的压力，但是，抱着开放的心态和理念学习国际先进技术、经验，在信息技术、网络安全、人才培养等方面善于借助外力，能够探索走出一条在国际合作中加强和创新互联网善治的道路。

3.3　中越互联网治理理念的共性与差异

对比发现，中越互联网治理理念既有共性，也有差异。总体来看，两国在宏观的思路、原则上共性居多，在具体的认识、定位上存在差异。

3.3.1　理念的共性

第一，中国越南都从维护党的执政地位的高度认识治理问题。中越两国作为共产党执政的社会主义国家，执政党的理念直接影响决定互联网治理，成为互联网治理理念的来源和依据。党的领导是实现互联网治理的政治保证，同时，维护党的领导是互联网治理的政治底线。在中国，中国共产党总书记习近平关于互联网的一系列重要论述清晰地表达了执政党对互联网治理的战略定位和长远思考。他指出，"没有信息化就没有现代化"，"互联网可能成为党执政面临的'最大变量'，搞不好会成为'心头之患'"，"过不了互联网这一关，就过不了

---

① 中越之家网站：《2016 年世界电信和信息社会日纪念仪式在河内举行》，http：//www.
　zyzj. com. cn/law. php? aid =10871，2017 – 02 –23。

② 中越之家网站：《VNPT 和微软加强合作发展信息技术》，http：//www. zyzj. com. cn/
　law. php? aid = 11909，2017 – 02 – 23。

长期执政这一关"①。就越南方面而言，阮富仲、阮晋勇、陈大光等越南党和政府领导人就互联网治理问题多次发表了讲话、进行了论述。越南充分认识到，如果治理不好互联网，"是对党和国家的严重打击"。② 同时，在互联网治理中，中越两党又充分基于各自的国情选择合适的治理之策，并没有照搬照抄西方互联网治理经验，也没有屈服于某些西方国家的压力，或是对互联网"不设防"，或是全盘西化采用"洋模式"。中国在不断探索中形成具有中国特色的互联网治理模式，越南则对网络煽动和不良信息进行强有力的整治。中越两国执政党将发展和治理互联网作为党长期执政的重要课题，"党要管网"，党要建设好、利用好、管理好互联网。最终，使互联网成为党长期执政的坚强柱石。

第二，中国越南都强调互联网的发展与治理并举的战略思路。中越两国作为互联网世界的"后来者"，共同面临着如何治理互联网的重大抉择。但是，两国并没有因为互联网发展存在问题就"简单封杀"，更没有仅仅重视互联网的经济效用而对其消极影响"放任不管"，而是正确认识到互联网发展与治理之间的辩证关系，即"发展是治理的基础，治理是发展的保证"。现实来看，两国不约而同地采取了发展与治理同步进行的战略思路，比较有效地处理了互联网的发展和治理问题。一方面，中国越南首先重视大力发展信息技术，力图快速缩小与互联网强国之间的"数字鸿沟"，实现互联网核心技术的自主权，同时不遗余力地将信息技术发展成果转化为经济社会发展升级的动力，最大限度惠及人民。中国的"互联网＋行动计划""国家大数据战略""宽带中国战略"，越南的"电子商务发展总体规划""全国集市网络发展规划"等都是这一思路的直接体现。另一方面，针对互联网发展中存在的问题和矛盾，两国党和政府并没有回避，而是根据实际情况积极采取措施进行应对，开展网络安全治理、网络舆论治理、治理体系建设等工作，积累了较为丰富的互联网治理经验，成为发展中

---

① 人民网：《深入学习贯彻习近平同志在党的新闻舆论工作座谈会上的重要讲话精神》，http：//theory. people. com. cn/n1/2016/0321/c40531 - 28212593 - 3. html，2013 - 03 - 21。

② 《越南国家主席陈大光视察越南网络安全局并寄予新年问候》，http：//nguyenphutrong. org/chu - tich - nuoc - kiem - tra - cong - tac - va - chuc - tet - cuc - an - ninh - mang. html，2017 - 02 - 23。

国家具有代表性的典型范例。

第三，中国越南都将互联网安全问题视为治理的核心问题。如前所述，中越两国目前是世界上受到网络渗透和黑客攻击比较严重的国家，面临网络犯罪的形势也比较严峻。而某些发达国家、国际组织甚至个人在利用中越两国互联网安全上的问题和漏洞实施信息窃取、政治渗透和网络犯罪，严重侵害了两国的互联网主权和互联网安全。中国国家主席习近平指出，"没有网络安全就没有国家安全"，"我们要掌握我国互联网发展主动权，保障互联网安全、国家安全"①。越南政府副总理张和平强调，利用网络破坏党和国家团结稳定、煽动骚乱等问题比较突出，"网络安全和信息安全保障是目前的当务之急"。② 由此可见，互联网安全问题已经跨出单纯的信息技术领域，影响经济发展、政治稳定、国家安全，成为与中越国家利益的息息相关的重要现实问题。由于后发的技术条件和国际国内环境，中越两国面临着维护互联网安全的共同任务，将互联网安全作为治理的核心问题也就不足为奇了。

第四，中国越南都主张在国际合作中实现互联网治理。中越两国执政党充分认识到互联网治理超出一国范围，需要在全球化的背景下思考这一问题，尤其要积极借鉴互联网发达国家的经验和技术，"闭门造车"的理念是难以实现良性治理的。因此，中国执政党反复强调，必须以开放的心态迎接世界互联网的蓬勃发展，要深化互联网治理的国际交流合作，坚持开放创新，尤其是通过各类互联网国际组织不断汲取经验，宣示中国诉求。越南执政党也主张"国际合作需实施互利、紧密合作规程、可行性路线图等原则"，③ 通过双边、多边、国际组织和跨国公司等多种形式的合作交流，获得技术开发、资金提供、人才培养、安全保障等方面的支持，全面提升互联网治理水平。总体来看，中越两国

---

① 新华网：《在网络安全和信息化工作座谈会上的讲话》，http：//news. xinhuanet. com/ne-wmedia/2016 – 04/26/c_ 135312437. htm，2016 – 04 – 26。

② 中越之家网站：《加强网络安全保障》，http：//www. zyzj. com. cn/law. php？ aid = 12471，2017 – 02 – 23。

③ 越共电子报网站： 《扩大国际合作以早发展成为通信—信息技术大国》，http：//cn. dangcongsan. vn/news/扩大国际合作以早发展成为通信—信息技术大国 – 57017. html，2017 – 02 – 23。

在开放包容的思维指导下，能够顺应互联网发展浪潮，充分利用外部平台和力量，实现互联网治理向积极方面转化。

3.3.2 理念的差异

第一，中国越南提出的互联网治理目标有差异。如前所述，中国提出了建设网络强国的战略目标，并明确网络强国战略目标要积极助推"两个一百年"奋斗目标的实现，两者具有重要的关联性和整体性。通过建设网络强国，达到以下目的：基础设施建设不断巩固，自主创新能力出现质的飞跃，信息经济发展日新月异，网络安全维护能力日益增强。不难发现，中国的网络强国目标特点鲜明：一是与国家整体经济社会发展的目标实现形成有机整体、有机联系；二是网络强国目标的概念清晰，指标体系化、系统化。越南虽然也突出建设"信息技术强国"、维护互联网主权等互联网治理目标。但是显而易见，越南提出的目标目前尚没有上升到国家战略层面，没有形成强有力的内部共识，也没有提炼出明确概念，显得比较零散，缺乏系统性的表述。换句话讲，越南互联网治理的"技术目标"更加突出，实现技术提升和技术替代的目的更为直接。

第二，中国越南全球互联网治理中的诉求不同。由于发展基础、技术水平等差距，中国越南等发展中国家在现有的全球互联网治理体系中，处于相对弱势地位。欧美等发展国家利用先发优势，建立了一整套有利于其利益的互联网治理体系和规则。中国在全球互联网治理中的积极主张是"推进全球互联网治理体系变革""共同构建网络空间命运共同体"，不断消解以美国为代表的网络霸权，建立多边、民主、透明的全球互联网治理体系。通过举办世界互联网大会等形式，中国逐渐获得了在全球互联网治理上的影响力和话语权，其主张被越来越多的国家接受，正以发展中国家代表的身份和角色与美国等发达国家进行全球互联网治理的合作和博弈。这彰显了中国正在改变内向型的政治视野，"由一个注重经济利益和传统安全利益的独善其身的发展中国家转向一个注重发展物理空间和网络空间的兼济天下的'负责任大国'"。① 而越南由于国情国力现状，在全球互联网治理中处于比较边缘的位置，所以难以获得代表发展中国家的主导话语权，也难以提出类似中国的全球互联网治理诉求，仅能在东盟的框架内通过开展双边和多边合作推进互联网治理的现代化。越南力求以互联网发展和治理为载体，获得区域范围内的比较优势和影响力，进而有利于吸引海外投资和占领国外市场，更多地从国家经济利益角度考虑，局限在较为"微观"的视界内看待互联网治理问题。

---

① 轩传树：《正确认识网络强国建设所面对的成就、问题和影响》，人民网，http://theory. people. com. cn/n/2015/0319/c386965 – 26716810. html，2013 – 03 – 19.

第4章 中国越南互联网治理模式比较

所谓模式，指的是用文字、图表、公式等多种形式表现出来的构成形态和其中诸多的组成部分，以及这些部分之间的相互关系。互联网治理模式可以界定为，互联网治理主体通过一定的原则、路径、关系对互联网治理客体进行规范制约而形成的一整套相对成熟定型的制度体系和权力结构。[①] 互联网治理模式上承互联网治理理念，下接互联网治理策略，既是对理念落实的体系化、制度化、定型化，又是生成策略的中介、载体和结构，对互联网治理的效果产生重要影响。本章在归纳总结中国越南互联网治理模式的基础上，系统比较分析两国的异同。

4.1 中国互联网治理模式

一般而言，世界各国的互联网治理模式可以分为政府主导型和行业自律型两大类，其根本区别在于治理主体的不同。中国在互联网治理的不断探索过程中，中国共产党始终是领导者、策划者、推动者，政府引领、多方参与成为中国互联网治理的基本形态。在此基础上，中国逐渐形成了政府主导型的互联网治理模式。

---

① 金蕊:《中外互联网治理模式研究》，华东政法大学硕士学位论文，2016 年，第18 页。

4.1.1　统一治理机构和工作体系

坚持党的领导为中国互联网发展和治理提供了不可或缺的政治保证。中国共产党是国家治理的政治核心、决策力量和行动力量，互联网治理可以视为国家治理在虚拟网络空间的表现形态，党对互联网治理的领导是基于对国家治理领导权力在虚拟空间的继续延伸。党对互联网的领导主要体现在顶层设计、战略规划和把握方向。党的领导有利于互联网治理机构的有效整合和统一指挥，能够积极发挥我国独特的政治优势。

互联网的快速发展决定和制约了互联网治理模式的变化更新。互联网技术发展影响网民共在模式，而共在模式的升级换代直接影响互联网治理效果。[1]在 Web1.0 时代，门户网站是大众传播的中心节点，网民的活动紧密围绕各种网站尤其是门户网站开展，以单方面的查找信息、接受信息为主。此时，互联网治理主要抓住资质审批和内容管理环节，以网站管理为主要针对目标，往往会带来"媒介管理"中的链条分割和流程断裂问题。到了 Web2.0 时代，适时互动交流是互联网行为的主要特点，"交互关系"成为网民共在模式的主要关系，互联网的联系、沟通功能更加强大，网民的地位发生根本性变化，人人都是新闻发言人，人人都是信息的生产者和传播者。到这个时候，互联网治理已经超越了简单的技术问题，日益演变为更加复杂的社会系统工程，需要从"媒介管理"思维转向"社会治理"思维。

在互联网发展早期，受长期现实社会管理惯性思维的影响，中国政府和民间一般采用"互联网管理"的表述方法，主要由政府机构承担互联网管理职能。从 1994 年开始的 20 年时间，中国互联网管理职能长期由互联网管理工作协调小组[2]承担，而协调小组本身的权威性不够，工作力量整合很难形成。当时的

---

① 何明升：《中国网络治理的定位及实现路径》，《中国社会科学》，2016 年第 7 期。

② 诞生于 2006 年的"互联网协调小组"成员单位包括信息产业部（工信部前身）、国新办、教育部、公安部、国家保密局、解放军总参通信部等 15 个部委和军方机构，负责指挥的则是中宣部，办公室设在信息产业部。中宣部负责对互联网意识形态工作进行宏观协调和指导，工商总局负责互联网企业登记，国新办负责具体协调互联网意识形态管理，统筹宣传文化系统网上管理。

互联网管理机构包括工信部、国新办、教育部、中宣部等多家单位，最多的时候共计 16 家，多头治理、"分而治之"，被形象地称为"九龙治水"。这种体制的严重弊端随着互联网的快速发展不断暴露出来，主要表现在互联网管理职能过于分散，难以适应以"交互关系"为特点的网民共在模式，造成现实管理上的诸多空白点和重叠处。事实证明，按照行政分割和部门权限划分建立的互联网管理模式，违背了互联网发展的一般规律和基本方向，已经越来越无法适应中国的互联网发展实际，不利于继续推动网络信息化事业发展，甚至会影响经济社会正常有序运行，因此，需要进行管理体制机制的重大的调整和创新。针对这些问题，习近平在对中共十八届三中全会《决定》的说明中明确表示，现行的互联网管理体制"多头管理、职能交叉、权责不一、效率不高"①，对整个互联网管理远远跟不上互联网媒体属性增强的发展潮流，已经无法适应互联网迅速发展的实际情况。必须加大互联网管理的力度，整合互联网管理机构职能，形成必要合力，从形式到内容，从技术到管理，实现全面创新和突破，确保中国互联网健康有序发展。

为了优化互联网治理模式，推进"管理整合""形成合力"，中国共产党十八届三中全会作出完善互联网领导管理体制的决定。2014 年 2 月，中央网络安全和信息化领导小组成立，预示着中国互联网发展与治理进入一个崭新时代。"领导小组"是存在于中国政治组织体系中的一种特殊组织模式，也是中国所特有的一种组织方式和工作机制②，体现了中国共产党对某些重要领域工作的政治关注和政治领导。根据中共中央的安排，中央网络安全和信息化领导小组的主要职能包括以下方面：一是统筹处理各个领域涉及网络信息化工作的重大问题；二是进行中国网络安全和信息化事业的发展战略和顶层设计；三是推进中国互联网治理的法治建设；四是增强互联网治理的安全保障水平。中央网络安全和信息化领导小组组长由习近平总书记担任，副组长由李克强、刘云山担任。

---

① 《关于〈中共中央关于全面深化改革若干重大问题的决定〉的说明》，《人民日报》，2013 年 11 月 16 日第 1 版。

② 人民网：《"领导小组"是如何运行的？》，http：//politics. people. com. cn/n/2013/0708/c99014 - 22112002. html，2013 - 07 - 08。

这说明中央对互联网治理的高度重视。

在中国接入国际互联网 20 年之后，中国共产党以广阔的视野、前瞻的思维统筹中国的互联网治理实践，规划网络强国发展战略，在中央层面进行了更有权威性、更具合力的顶层机构设计，彰显了推动信息化发展和保障互联网安全的坚定决心，也标志着中国互联网治理走向由中共中央网络安全和信息化领导小组办公室（国家互联网信息办公室，简称"网信办"）主导的新阶段。这一互联网信息管理领域最高权力部门的成立，使得多年以来的互联网治理多头体制、"九龙治水"问题得到相当程度的整合。中国正逐步探索适合中国互联网产业发展、网络生态环境和社会文化环境等复杂现实的特色治理模式。[1]

4.1.2 引导非政府因素参与治理

目前，中国互联网治理模式正在向"多元共治、社会协同"的方向发展，逐渐体现出了治理的核心思想和本质意义。按照罗西瑙的观点，治理由不同行为体持有的共同目标支撑，治理活动的主体不仅仅包括政府，也无须依靠强制力量来实现，在这些方面存在与统治的根本不同。[2] 在中国，除了政府之外，互联网治理的重要参与者包括互联网企业、社会组织和网民。因为，治理是官方和非官方行为主体综合运用各种手段和措施规范行为主体的活动和行为主体之间的相互关系，确保维护公共秩序，满足公众需要，最大限度增进公共利益。[3] 所以，企业、社会组织和网民不应当在互联网治理中"缺位"，它们的参与和角色扮演至关重要。

互联网企业参与互联网治理，一方面为了最大化地获得追逐商业利益的优势地位，另一方面也有承担一定社会责任的道德诉求。互联网企业为了商业利益，需要通过参与互联网治理获得话语权，提高知名度，优化营商环境。同时，

---

① 刘洋：《2015 年中国互联网治理动态解析》，载张志安主编：《互联网与国家治理年度报告（2016）》，商务印书馆，2016 年版，第 240 页。

② ［美］詹姆斯·N. 罗西瑙：《没有政府的治理：世界政治中的秩序与变革》，刘小林等译，江西人民出版社，2001 年版，第 18 页。

③ 俞可平：《治理与善治》，社会科学文献出版社，2000 年版，第 20 页。

虽然互联网企业的根本目的在于经济追逐，但是也需要通过参与互联网治理彰显社会责任和企业认同，进行企业文化的自我界定，获得更加积极健康的企业自我意识，其中又包含了某种行动自觉的意味。在中国，政府机构和行业协会搭建"互联网企业家论坛"，提供平台给互联网企业家，围绕新的形势和机遇下互联网企业如何进一步提升责任意识、加强社会服务、加强创新能力建设等话题进行研讨，引导企业达成履行社会责任的共识。[1] 中国互联网企业在政府的鼓励和引导下，积极参与政府组织的互联网专项行动和整治行动，加强技术手段和制度机制建设，为行动取得预期效果提供了有力保障。近年来，"诚信自律同盟""互联网反欺诈委员会"、网民权益保障计划等行动的开展，也体现出互联网企业勇于承担更大的社会责任。习近平在网络安全和信息工作座谈会上指出，企业承担经济、法律、社会、道德等多种责任。而伴随着企业越做越大，其承担的社会和道德责任就越来越大，公众对企业的期待也会越来越强烈。政府部门、互联网企业要密切合作，共同承担起互联网治理的责任，改变过去依靠政府单方面监管的局面，动员互联网企业为实现互联网良性治理贡献智慧和力量。这是中国党和政府对互联网企业参与互联网治理的期望和鼓励。

中国网民数量庞大，与互联网的黏合度代际升高。一方面，互联网治理与网民切身利益息息相关，直接关系到其消费的互联网产品和服务，因此存在通过参与互联网治理维护自身权益的现实冲动；另一方面，网民对现实社会秩序的良好愿景越来越多地投射到对虚拟世界的期望上，激发了网民参与互联网治理的道德内动力。因此，为数众多的网民具有参与互联网治理的愿望和行动。一是自觉遵守各种互联网法律法规和行为规范，在网上积极弘扬社会主义核心价值观和正能量，抵制各种不良的互联网信息和思想观点。二是与网上各种违法犯罪行为进行毫不妥协的积极斗争，主动举报互联网不法行为。例如，国家互联网信息办公室违法和不良信息举报中心开通 12377 举报热线，发动网民力量营造清朗网络空间。2016 年，热线共受理公众举报近百万件次，其中，新浪

---

① 国家互联网信息办公室网站：《互联网企业家论坛：创新是履行社会责任的第一要务》，http：//www. cac. gov. cn/2016 - 12/30/c_ 1120219670. htm，2016 - 12 - 30。

网、环球网、网易网等8家网站违规刊载有害信息，或为有害信息传播提供平台，网民举报集中，社会反应强烈。① 从当前来看，网民在打击网络谣言、网络诈骗、网络欺凌等互联网不法行为活动中表现极为活跃，成为违法和不良信息举报的主体力量，在净化网络空间、推进互联网治理中发挥着积极正面的作用。

4.1.3 着力加强治理的法治保障

依法治理是社会治理的内在要求，法治是社会治理的基本方式。事实一再证明，法治化程度越高的社会，社会治理的水平也就越高，越能达到良性治理的目的。同样，互联网治理需要坚持以法治精神来引领，以法治思维来谋划，以法律规范来实施，以法治标准来评价。一句话，要实现互联网良性治理必须着力加强法治保障。作为现实社会的一种新形态，网络社会也应是法治社会，不能也不应成为法外之地，要确保网络社会在法治轨道上健康运行。②

1994年中国接入国际互联网之后，互联网立法工作取得较大进展。目前，与网络有关的法律、法规、规章和司法解释有600余件，覆盖网络安全、网络内容管理、个人信息保护、电子商务等几乎所有的互联网治理领域，内容丰富，条款翔实。但不足方面也很明显，总体来看立法层次不高，上位法欠缺，体系化不够，尤其是政出多门、立法分散、衔接不顺、执法脱节等问题比较严重。从国家互联网信息办公室的网站上来看，"政策法规"的"法律"一栏目前仅有《中华人民共和国网络安全法》《中华人民共和国电子签名法》《全国人民代表大会常务委员会关于加强网络信息保护的决定》和《全国人民代表大会常务委员会关于维护互联网安全的决定》等4部法律和相当于法律效力的决定，而行政法规、部门规章、政策文件等则有几十余部之多。

针对这类问题，2014年2月，习近平在主持召开中央网络安全和信息化领

---

① 国家互联网信息办公室网站：《新浪网、环球网、中华网等网站违规刊载有害信息受到网民集中举报》，http：//www.cac.gov.cn/2017 - 01/07/c_ 1120264088.htm，2017 - 01 - 07。

② 郑莹：《网络不是法外之地》，《人民日报》，2015年4月14日第7版。

导小组第一次会议时强调，互联网立法亟待规划，内容管理、基础设施保护等方面的法律法规要尽快完善，务必夯实互联网治理的法治保障。《中共中央关于全面推进依法治国若干重大问题的决定》提出，加快互联网领域立法，建立和完善涵盖互联网治理各个领域的法律法规体系，依法规范互联网行为，[①] 为全面推进依法治网规划了宏伟蓝图，中国网络空间法律体系进入基本形成并飞速发展的新阶段。一方面全局性、根本性的立法开始启动，编制了互联网治理立法规划，先后将《网络安全法》《电信法》《电子商务法》等统筹考虑进立法工作实践，积极推进立法进程。另一方面《刑法修正案（九）》《中华人民共和国电信条例》《计算机软件保护条例》等相关法律、法规、规章和司法解释加快出台。

2016 年中国互联网治理最重大事件，就是《网络安全法》出台。历时两年三审，2016 年 11 月 7 日，十二届全国人大常委会第二十四次会议表决通过了《中华人民共和国网络安全法》，自 2017 年 6 月 1 日起施行。《网络安全法》对于中国互联网领域法律体系的意义极为重要，它填补了中国网络安全领域基础性法律的空白。作为上位法，《网络安全法》将此前分散各处的相关法规条款加以整合，并且为今后继续相关立法或制定相关管理条例细则等打下基础、做好铺垫。从某种意义上说，《网络安全法》实施真正标志着中国互联网治理步入"依法治理时代"。

中国的互联网治理法治建设，体现出了维护秩序和保障权利并重的基本特点。其一，互联网法治建设有效规范了各行为主体，明确了各行为主体在网络空间的基本权利和义务，形成了良好的守法、司法、执法行为规范。对于网民而言，明确互联网行为界限，不得从事侵害他人权益的互联网活动，做诚实守法的好网民。对于企业而言，在法律规定的范围内从事互联网产品和服务的经营活动，不得触碰国家设定的互联网治理底线。对于政府部门而言，切实履行互联网治理的重要责任，明确管理的职责和权限，保证依法行政。其二，互联

---

① 新华网：《中共中央关于全面推进依法治国若干重大问题的决定》，http：//news. xin-huanet. com/politics/2014－10/28/c_ 1113015330. htm，2014－10－28。

网法治建设有效维护了各行为主体的互联网权益。在维护网民权益方面，出台了个人信息保护、服务质量保障等相关规定；在保护知识产权方面，出台了《信息网络传播权保护条例》《互联网著作权行政保护办法》等文件，有力地促进了互联网文化的发展繁荣。

总而言之，中国的治网之道其基本特点之一的就是坚持依法治网，这也是中国互联网治理模式的典型特征。

4.1.4　形成与时俱进的动态治理结构

互联网实践迅猛发展、一日千里，对互联网的治理也必须紧跟其后、突出重点，治理模式则是对实践问题的反应总结和系统呈现。治理模式不能一成不变、封闭僵化，应该是一个开放的动态体系，保持适当的灵活性和创新度，以适应快速变化发展的互联网环境。虽然治理动作往往落后于发展实践，但是中国互联网治理模式能够针对互联网发展问题不断变化调整、与时俱进，表现出较强的动态性和适应性。

在学习认知和立法实践上，中国互联网治理始终坚持边学习、边治理，在学习中不断提升治理水平。首先，体现为通过中央政治局集体学习等形式，中国执政党领导人做示范和表率，号召党政干部学习互联网知识、树立互联网思维、重视互联网治理。习近平在中共中央政治局第三十六次集体学习时强调，各级领导干部都要积极接触互联网，学习互联网，掌握互联网，通过互联网更有效地开展工作，提升治国理政水平，尤其是高级领导干部要做互联网发展的谋划者、推动者、引导者。[1] 在学习总结和实践锻炼过程中，参与互联网治理的党政干部逐渐成长起来，他们在互联网的政策制定、问题处理以及日常管理中积累了丰富的经验，对于未来中国互联网治理的发展产生积极而深远的影响。其次，体现为在中国互联网立法实践中，一方面，针对互联网快速发展的特性，互联网治理部门往往先采用政府规章或文件的形式对亟待处理的互联网治理热

---

[1]　中华人民共和国中央人民政府网站：《中共中央政治局就实施网络强国战略进行第三十六次集体学习》，http://www.gov.cn/xinwen/2016 – 10/09/content_ 5116444.htm，2016 – 10 – 09。

点问题进行应对和规范，并不断发现漏洞，及时纠偏处理。通过一段时间的实践检验，在时机成熟的情况下再以更高级次的立法形式予以确认，不断健全完善法律法规制度体系。另一方面，基层在互联网治理过程中总结的好经验好做法也会快速反映到中央层面，得到重视，获得推广。

在互联网治理模式演进上，经历了从管制到管理再到治理的转型。所谓"管制"，即对互联网发展进行管理和限制，针对互联网发展过程中出现的弊端和问题，主要采取约束和打压手段。所谓"管理"，即以党和政府为中心，自上而下地运用权力、发布命令，通过法律、行政、技术等手段对互联网发展进行规制。所谓"治理"，即国家、互联网企业、网民按照一定的规范、原则和标准，相互配合，彼此合作，共同达成政治、经济和社会目标。管制套路片面放大互联网的消极一面，未能正视互联网的积极影响，长此以往会损害经济社会发展和人民切身利益，在互联网技术迅速发展、跨国渗透的今天也难以真正施行，所以已经基本上被世界各国放弃。随着互联网日新月异地发展，社会治理模式从一元转向多元，从单线条转向多线条，从线下转向线上线下融合，从政府单方面监管转向社会多主体协同。虽然当今中国互联网治理模式和经验从传统互联网监管实践中演变发展而来。但是，互联网技术的渗透性增强、互联网突发事件频繁发生、社会治理遇到的挑战等已经让中国互联网治理模式的转型创新色彩越来越多地表现出来。事实证明，唯有不断推陈出新才能取得互联网治理的良好绩效。目前，中国已不再使用"互联网管制"甚至"互联网管理"的表述，表明模式正在向完整意义上的"治理"转型。

在互联网治理重点对象上，由网站向微领域、移动领域和云端转移。近年来，中国移动互联网发展迅猛，移动网络覆盖面不断扩展，智能手机日益普及，网络应用程序开发使用力度加大，手机网民数量快速提升。截至2017年6月，有7.24亿手机网民，网民中使用手机上网比例高达96.3%。[①] 一方面，移动互联网对线下经济的积极促进作用不断显现；另一个方面，也带了互联网治理的

---

① 国家互联网信息办公室网站：《第40次中国互联网络发展状况统计报告》，http://www.cac.gov.cn/2017-08/04/c_ 1121427672.htm，2017-08-04。

新课题。针对"移动互联网安全威胁和风险日渐突出，并向经济、政治、文化、社会、生态等领域传导渗透"① 的新形势，中共中央办公厅、国务院办公厅印发了《关于促进移动互联网健康有序发展的意见》。《意见》作为移动互联网发展和治理顶层设计的文件，对移动互联网发展应遵循的要求、掌握的原则、采取的方法等方面做出了明确的规定，界定了互联网企业应当遵守的行业规范和法律底线，提出了健康有序发展移动互联网的积极措施，将有效地指导移动互联网的发展和治理工作。

随着互联网技术的发展，淫秽色情信息向"微领域"蔓延，利用手机等移动智能终端，通过微博、微信等平台传播淫秽色情信息的现象增多。2014 年以来，"微领域"成为中国互联网治理的重点。相关部门连续部署针对"微领域"以及网络淫秽色情视频、微视频的集中整治，以重点领域平台的清查为抓手，深化"净网"专项行动。一批违法违规企业被依法处罚，一批违法犯罪人员被严厉惩处，整治微领域传播淫秽色情信息取得阶段性成果，有效净化了网络文化环境。②

4.2 越南互联网治理模式

4.2.1 政府主导互联网治理过程

1997 年，越南成立互联网国家指导委员会，负责指导和协调国家有关部委对互联网工作的领导，委员会主任由越南科技与环境部部长担任，委员会副主任由越南邮电总局局长担任，成员由文化通信部、内务部、教育培训部、通信技术国家计划指导委员会及国家自然科学和技术中心的一名领导担任。委员会

---

① 新华网：《关于促进移动互联网健康有序发展的意见》，http：//news. xinhuanet. com/2017 – 01/15/c_ 1120315481. htm，2017 – 01 – 15。

② 张贺：《聚焦互联网净化"微领域"》，《人民日报》，2016 年 1 月 5 日第 9 版。

下设技术咨询委员会，负责技术咨询服务。通常，委员会每3个月召开一次会议。① 很显然，这是互联网发展初期越南当局设立的一个临时性跨部门协调机构，形式大于内容，本身的权威十分有限。互联网治理的权力依然掌握在分散的各部门手中，条块分割在所难免，制约了互联网治理的效率和效果，也难以适应日新月异的互联网发展现实。因此，为了加强政府对互联网治理，提高信息技术水平，保障网络安全，越南进行了领导机构调整，强化行政权力。

在信息技术发展上，2014年，成立越南信息技术应用国家委员会，由政府总理担任信息技术委员会主席，政府副总理为副主席，成员主要包括信息通讯部、科技部、农业与农村发展部、工商部、文化体育与旅游部、卫生部、建设部、交通运输部、内务部、自然资源部、国防部、公安部、越南国家银行、党中央办公室、中央经济委员会、国会办公厅、政府办公厅和可持续发展与提高竞争力国家理事会等18个部门的领导。信息技术应用国家委员会负责为政府、政府总理提供有关主张、战略、政策机制的咨询，旨在推进国有机关、各部门、行业、重点领域及全社会信息技术发展与应用，统筹信息技术发展工作。越南政府总理强调越南要致力于发展信息技术中的四大支柱：人力资源、信息技术产业、信息技术基础设施和信息技术应用，提出了加快建立国家数据库、国家机构管理系统和提供网上公共服务等三大任务。②

在网络安全管理上，2014年，越南政府在公安部成立网络安全局。在成立仪式上，越共中央领导强调了网络安全局的作用、地位及核心任务，要求网络安全局要立足于职能任务，尽快完善符合本局实际的新型组织模式的工作制度和流程；要与相关职能机构紧密配合，有效落实越共十一大政治局关于"推进信息技术应用和发展，满足可持续发展与融入国际社会要求"的36－NQ/TW号决议以及中央书记处和政府总理分别于2013年9月16日和2014年6月17日颁发的有关"在新形势下加强网络信息安全保障工作"的28－CT/TW号和15/CT－TTg号指示。要求网络安全局注重全面提高网络安全干部战士队伍的工作

---

① 周季礼：《越南信息安全建设基本情况》，《中国信息安全》，2013年第8期。
② 周季礼：《2014年越南网络空间安全发展综述》，《中国信息安全》，2015年第4期。

能力、加强国际合作、加强组织演练、打击网络犯罪。

在网络事务管理上，整合成立了越南信息通讯部（Ministry of Information and Communications）。根据越南政府对信息通讯部的职责定位，它是"履行国家对新闻出版、邮电通信、无线电频率、信息技术、电子技术、广播电视、媒体、国外信息、国家信息基础设施以及在其相关领域内事务管理职能的政府机构"①，其内部共设有29个下属机构，是一个典型的"巨无霸"部门。信息通讯部是在越南政府的直接领导下，具体负责互联网治理工作的国家机关，制定互联网发展总体规划和政策文件；制定互联网发展技术标准；牵头开展或配合其他部门、地方人民委员会发起的互联网治理工作；负责越南互联网治理的国际合作。同时，公安部负责维护网络信息安全；计划投资部和财政部配合信息通讯部制定互联网发展的财政政策和投资政策，推动互联网在党政单位、科研机构以及边远地区的推广使用；内务部负责互联网治理中的涉密信息和情报管理。

4.2.2 日益重视非政府力量参与

除了严格依法治网，越南党和政府高度重视非政府力量参与互联网治理，采用设立互联网行业规范和加强社会监督等多种形式，促进互联网行业自律，建立积极健康的互联网安全环境。越南成立互联网协会（VIA），把互联网企业和相关社会组织纳入协会，形成互联网治理中的合作伙伴关系，积极发展互联网技术共同体，共同支持权益维护和保障工作，促进越南互联网又快又好发展。此外，越南还成立了信息安全协会（VNISA）、软件企业协会（VINASA）、电子企业协会、电子商务协会（VECOM）等，根据不同领域特点，均制定了明确的行业规范和协会守则，约束恶性竞争行为，促进经济利益和社会效益最大化。目前，越南已制定出网络广告自律公约、软件工程师道德规范、网吧自律公约、电子商务人员自律公约等社会规范和职业规范，不断完善互联网治理领域的柔

---

① 越南信息通讯部网站："*On regulating functions，duties，rights and organizational structure of Ministry of Information and Communications*"，http：//english. mic. gov. vn/Pages/VanBan/11292/132_ 2013_ ND – CP. html，2013 – 11 – 23。

性约束，成为政府职能机构进行互联网治理的有益支援。

正如越南信息通讯部部长张明俊指出："需要最大限度地动员各种社会资源和企业的参与，实现社会化形式，最大限度地挖掘企业的治理和运作能力，旨在确保节约和成效。"①

4.2.3 积极推进互联网法治建设

越南共产党在第十二次代表大会上提出"继续完善社会主义法权国家""完善法律体系"② 等未来五年主要任务。互联网在越南作为一个新兴领域，新情况新问题层出不穷，同样需要大力加强法治规范和法治保障。越南的互联网发展是从立法开始的，从 1997 年至今越南政府制定了一系列法律、政策，对发展与规范互联网活动起到了一定的积极作用。但是，现行法律、政策不能完全适应发展的需要，新制定的法律法规与原有的不一致，法律法规条款之间的配套性差，存在一些管理盲区等，一定程度上导致了网络信息活动失范现象严重，如信息垃圾泛滥，黄色信息蔓延，网络犯罪增加。③

越南党和政府充分认识到从完善法律规范体系入手、加强互联网治理能力建设的重要性。2015 年和 2016 年上半年，越南信息通信部主持制定并提交国会颁布《网络信息安全法》《报刊法》修改补充；提交政府、政府总理颁行总理 05 号决议和 07 号决议并按照 60 号通知权限颁布（其中包含 07 号联席通知）。各文件的颁布大大提高了信息通信领域国家的治理效率。近期，越南互联网治理法律法规建设的主要思路是：进一步提高法律法规和规范性文件的质量，建立完善的互联网治理制度保障体系。第一，按照互联网快速发展和治理的以及越共中央的要求加快立法速度，规范性文件出台则要严格遵守相关法律程序。提高立法的质量和水平，不以文件数量的多少作为考核标准。不论是法律法规

---

① 张明俊：《当前越南安全健康的信息社会的建设与发展》，越南共产主义杂志网站，http：//cn. tapchicongsan. org. vn/Home/social/313/Story，2017 - 03 - 25。
② 《越南共产党第十一届中央委员会在党的第十二次全国代表大会上的政治报告（上）》，《南洋资料译丛》，2016 年第 4 期。
③ ［越］陈氏美河：《越南互联网管理模式探析》，华南理工大学硕士留学生学位论文，2011 年，第 44 页。

还是规范性文件出台，都要立足于保护公民权利，促进经济活力。同时，要破除部门利益的羁绊，大力推进互联网治理的制度建设。第二，要加强对从事法律和文件起草修订专业干部队伍的培养，提高相关领域干部队伍的责任意识，深入培训专业领域精英，确保参与相应政策、法律起草的干部具备较高的素质。第三，在法律制定和文件出台的过程中，要积极听取互联网企业、社会组织和网民的意见建议，要履行相关听证程序，对于企业、社会组织和网民的正确意见，要充分考虑吸收到文件的制定中来，避免出现文件颁布后产生较大的社会负面影响。第四，要重视法律和规范性文件之间的系统化、体系化和相互衔接。每年定期核查审核各项法律规范文件，对滞后于互联网治理实践的内容要"废、改、立"，创造一切条件使企业、社会组织、网民能够积极履行法律义务，塑造遵守法律行为。

现实来看，越南党和政府认识到互联网治理中法治建设的问题，并做出了积极的回应，促进了互联网治理制度建设的快速发展，提供了重要的法治和制度保障。从越南信息通讯部网站（mic. gov. vn）上看到，1996 年以来越南颁布互联网治理法律法规和各类文件共计 250 个（其中法律 8 个，法令 42 个，指令 6 个，决定 82 个，条例 1 个，通告 111 个），在 2014—2015 年共颁布 42 个①，明显加快了立法速度，为实现制度整体覆盖做出了积极努力。

4.2.4 追赶型的互联网治理

越南作为经济技术比较落后的发展中国家，与西方发达国家的互联网发展水平有很大差距，与中国相比也有一些距离，为了尽快克服短板，提升互联网发展水平，越南在互联网治理上突出体现了"追赶"特点，即以较短的时间、较快的速度缩小与世界互联网先进水平之间的差距，最大化地实现互联网发展的经济社会效益。因此，越南互联网治理呈现出典型的追赶型模式。

首先，这种追赶模式体现在互联网技术发展上。越共十二大报告指出，"科

---

① 越南信息通讯部网站：《法律文件》，http：//english. mic. gov. vn/Pages/VanBan/VanBan-QuyPhamPhapLuat. aspx？LVB = 103，2017 - 02 - 10。

学技术革命，特别是信息技术继续快速发展，推动许多领域跨越式发展，各国都会面临机遇与挑战"①。信息技术领域的国际竞争日趋激烈，互联网技术标准日益提高，技术更新的速度越来越快。而越南几乎没有原创性互联网尖端技术成果，在互联网核心技术上存在对发达国家的强烈依赖。面对越南信息技术相对落后的局面以及如何实现"弯道超车"，则是互联网治理的核心问题之一。越南党和政府主要的做法，就是加大对信息技术发展的规划和指导，以非常高的频率出台一系列文件，为信息技术快速发展提供良好的制度环境和外部激励，反映了越南党和政府推进信息技术变革的紧迫感、责任感、决心和魄力。2005年越南政府批准《至2010年及面向2020年信息传媒技术发展战略》，2009年批准《至2010年面向2010年邮政通信发展战略》，2012年批准《至2020年国家电信发展规划》。2013年在《信息技术的作用与2020年发展方向》的报告中，越南信息与传媒部制定了2013年至2020年越南信息技术行业发展规划，在信息技术上要求到2015年，越南企业具备信息产品设备的生产与制造能力，逐步取代进口各种零部件。加强超微电路的生产研究，自主创建一些越南品牌的硬件设备，以满足国内需求并出口国外。根据信息技术法第50条及关于执行信息技术法的政府第71/2007/ND‐CP协定发展核心信息技术产品，发展包括国家行政管理、银行、财政、税收、海关、航空、国防、交通、城市规划、环境、医疗、教育等领域的信息软件和服务。发展移动电话、互联网的数字化产品，发展网络电视服务、移动电视。② 同时，为了准确掌握信息技术发展情况，从2009年开始，每年发布《越南信息通信技术白皮书》，对当年越南信息技术发展情况进行评估分析。

其次，这种追赶模式体现在互联网产业发展上。越南的电子信息产业是越南赚取外汇的重要来源。越南由于相对廉价的劳动力、良好的电子产品供应链、不错的基础设施和广阔的国内市场受到外资的青睐。尤其是伴随着中国的劳动力成本上升，不少跨国电信企业将生产基地转移至越南。到2013年，越南一跃

---

① 《越南共产党第十一届中央委员会在党的第十二次全国代表大会上的政治报告（上）》，《南洋资料译丛》，2016年第4期。

② 古小松：《越南经济》，世界图书出版公司，2016年版，第254－255页。

成为全球第 12 大电子产品出口国，越南电子产品出口额暴增至 380 亿美元①，助推了越南经济发展，受到越南领导人的高度关注。但大部分外资电子工厂在越南主要进行低附加值的生产和组装业务，越南电子产业一直处于产业链的下游。要想获得更多的附加值和利润，必须加快电信产业发展，壮大越南电信企业，实现经济竞争的"赶超"。越南政府大力扶植 Viettel（越南军用电子电信公司）、Vinaphone 和 MobiFone（同属于越南邮政通信集团（VNPT））等三大电信运营商，抢占国内市场，目前越南国内 96% 的市场被三大公司占领。越南政府积极实施互联网企业"走出去"战略，Viettel 正在实施的战略是成为全球性企业，到 2020 年在 25 个国家展开投资、海外市场人口规模为 6 亿至 8 亿。② FPT Telecom 也成为第一家获批在缅甸展开互联网基础设施和服务供应的外商独资企业。VNPT、MobiFone 等其他电信企业也正制定走向地区和世界市场的计划。越南通信传媒部着力扶持企业提升竞争力和拓展海外投资业务，为之创造条件。

再次，这种追赶模式体现在互联网人才培养上。互联网发展和治理关键要靠人才的支撑。由于越南互联网产业起步较晚，在信息技术人才的培养方面基础薄弱、储备不足，直接导致了互联网核心技术研发能力不强、网络安全专业人才缺乏的后果，影响了越南互联网发展和治理的水平。为此，越南党和政府向发达国家和互联网技术强国看齐，下大气力培养互联网人才，力图实现人才培养上的"赶超"。在大学信息技术教育方面，越南政府支持和鼓励越南的青年人走出国门深造，与日本、新加坡、芬兰等国合作联合培养信息技术人才，在东盟框架下实现信息技术人才的培养交流，在国内通过组织"大学生与信息安全"的国家考试等各种途径加强大中学生的互联网社会教育。在公民互联网素养培养方面，越南政府设立"越南互联网日""越南信息安全日"等纪念节日，吸引众多从事基础设备、移动、互联网应用、互联网安全等的企业、院校及社

---

① 雨果网：《电子产业从中国转移，越南跃升为电子出口大国》，http：//www.cifnews. com/Article/10474，2017 - 03 - 10。

② 中国国际贸易促进委员会网站：《越南电信企业走向海外市场》，http：//www. ccpit. org/Contents/Channel_ 3431/2015/1020/494271/content_ 494271. htm，2017 - 02 - 20。

会组织参加，扩大互联网知识普及的社会影响，提高公众的信息安全知识。总而言之，越南通过努力正在加速形成互联网发展和治理急需的人才梯队。

4.3 中越互联网治理模式的共性与差异

对比发现，中越互联网治理模式既有共性，也有差异。总体来看，两国在治理的结构性、阶段性特征上相似性、共同点居多，在治理的成熟度、侧重点特征上差异性、不同点存在。

4.3.1 模式的共性

第一，中国越南都是政府主导型互联网治理模式。党和政府处于互联网治理的中心位置，是互联网治理的规划者、决策者、指挥者、推动者，其角色和职能任何其他组织都无法替代。西方发达的市场经济国家，往往通过市场机制和利益驱动，由企业和市场主体主动投身互联网研发和投资浪潮，而后由政府出面对互联网发展进行治理和规范，走的是一条"自下而上"的路径。而许多"后发"国家尤其是具有东方文化背景和管理传统的"后发"国家，由于市场机制不甚完善和发达，企业、社会组织和个人的驱动力、权威性均明显不足，很难积极投身互联网研发和创新事业，政府由于拥有巨大的行政资源，"先赋"地获得了主导地位，在互联网基础设施建设、提供互联网服务、进行互联网治理等方面发挥了首要作用，其作用往往超过市场力量和市场主体。① 而政府的这种不可或缺作用的具体体现为通过行政管道和行政命令，建立比较完善的互联网发展和治理规则，保证互联网的快速发展和良性运行。中国越南的互联网治理就是这一模式的典型体现。为了快速推进国家信息化、现代化建设，将互联网建设成果迅速转化为经济社会效益，再加上维护网络安全和信息安全的需

---

① 何明升、白淑英：《网络治理：政策工具与推进逻辑》，《兰州大学学报（社会科学版）》，2015 年第 3 期。

要日益迫切，采取政府主导型模式而非简单市场调节和行业自律模式具有其必然性和合理性。

第二，中国越南互联网治理都在向多主体协同治理的方向发展。尽管中国越南的党和政府在互联网治理中处于中心位置，扮演了十分关键的角色。但是，伴随着网络社会的快速发展、人民民主法治意识的提升和国家治理现代化进程的推进，两国均意识到传统的"政府发号施令"在互联网治理领域越来越难起到作用。如果不重视企业、社会组织和网民的权益，不鼓励非政府因素参与互联网治理，将会阻碍网络信息产业发展，损害经济社会长远利益，最终使互联网善治成为空想。因此，如何激发企业、社会组织、网民参与互联网治理，遵守规范，发挥作用，积极为政府"补台"；如何改变政府单纯的行政命令方式，做到"有所为，有所不为"，与非政府因素更好地良性互动，中越两国都做出了努力和探索。如中国注重培养互联网企业的社会责任感和网民的自律意识，几方订立互联网公约宣示责任和义务，共建互联网治理的社会规范和群众共识；越南反复强调维护互联网企业和网民的权益，激发其参与互联网治理的热情等，都是迈向"多元协同共治"的表现。当然，也有学者批评两国的主要问题是非政府因素作用发挥的还不够。笔者认为，虽然协同共治的互联网治理模式没有完全定型，但是已经初步具备了比较明显的过程性特征，需要给予充分肯定。

第三，中国越南都注重互联网治理过程中的法治建设。中越两国作为社会主义发展中国家，法治基础比较薄弱，依法治国任务比较繁重。中国共产党提出"建设社会主义法治国家"，越南共产党提出"完善社会主义法权国家"。在互联网治理上，两国执政党和政府均认识到制度建设和法治建设的重要性，法治可以在多元共治的格局中界定各行为主体的权利义务关系，形成各行为主体遵守的法律规范和行为准则，为互联网治理提供基础的、长期的、稳定的制度保障。因此，"依法治网"成为两国互联网治理模式中的共性特征。研究发现，近几年中越两国互联网立法的进程大大加快，法律法规颁布的数量和频率大大提高，越来越多的互联网治理空白被制度建设覆盖，越来越多的互联网治理新问题通过法治建设来规范，一个方面反映了两国网络社会迅猛发展对法治建设的呼唤，另一方面表现出两国党和政府"依法治网"的决心和态度。但是，从互联网治理领域来看，中越两国法律依然偏少（据统计，中国仅有 4 部，越南仅有 8 部），行政法律、部门规章甚至规范性文件依然偏多，立法层次不高的问题凸显。同时，法律之间、法律与规范性文件之间经常出现"打架"现象。如何将众多规范性文件上升为国家立法，进一步增强立法的系统性和衔接性，依然是两国面临的共同问题。这在某种程度上也体现出了两国互联网治理过程中"边治边改""边破边立"的实践"特色"。

4.3.2　模式的差异

第一，中越互联网治理顶层机构整合的力度不同。作为政府主导型互联网治理模式，中越两国在不同程度上根据形势发展变化对互联网治理组织机构进行了调整和整合，以便于更充分发挥党和政府的作用。但在这方面，两国之间又存在差异。中国 1994 年之后长期处于"九龙治水"状态，但是 2014 年中央网络安全和信息化领导小组的成立，宣告更高一级的权威治理机构成立（从执政党的角度成了抓专项工作的"领导小组"，而不仅仅是政府行政口的机构设置），加强了互联网治理力量的整合。而且由中国执政党和国家的"一把手"担任领导小组的组长，政府首脑和分管意识形态的中央领导担任副组长，实现了中国党政最高领导对互联网治理的齐抓共管；由国家互联网信息办公室作为中央政府机构，承担中央网络安全和信息化领导小组办公室的职能，专司互联网发展和治理工作并代表领导小组协调各部门之间的治理工作，在总体布局上较好克服了多头治理、彼此交差和管理盲区的问题。相比之下，越南则呈现出不同治理模式。虽然 2014 年越南成立信息技术应用国家委员会，将原先层级不高、作用有限的互联网国家指导委员会职能转移过来，力求在"国家"顶层设计上作为安排。可以发现，其一，信息技术应用国家委员会主要立足于信息技术发展与应用，偏重技术和经济层面，难以涵盖互联网发展与治理的广阔领域，整体规划和整合力度与中国相比有所不同。其二，信息技术应用国家委员会的属于"政府口"组织，越南政府总理、副总理担任委员会领导，而"党口"更高级别领导在该委员会是缺位的（仅在委员会的成员单位中包括"党中央办公室"），这与中国互联网治理上的领导安排相比存在差异。其三，互联网治理的职能依然分散在不同的部门中，缺乏一个专职机构进行有效的协调和整合。越南政府信息通讯部职能涵盖了互联网治理，但是也包括出版、邮政等诸多领域，专司互联网治理的职能并不突出，一定程度上也影响了互联网的综合治理与部门协调，这与中国的国家互联网信息办公室职能有较大不同。

第二，越南互联网治理模式的"赶超"特征更为明显。尽管中越两国均与发达国家互联网发展水平有一定差距，但是，就中越两国而言，中国又具有比较明显的优势。从发展历程来看，中国经济体量大，改革开放之后吸引外资力度大，互联网产业启动比较早，网络信息技术研发实力较强，已经形成了互联网发展的规模效应（全球十大互联网公司，中国占了 4 家）。越南则有所不同，经济基础和信息科技基础均比较薄弱，在中国产业升级和劳动力成本上升的情况下，外资大举进入越南，才使得其电子产品组装和信息产品加工制造业得以发展。因此，越南党和政府在互联网治理上"赶超"的特征更为明显，即力求快速缩小与世界先进水平起码与邻国中国的互联网发展"代差"。因为，无论是在技术发展上、经济利益上，还是在网络安全上，越南认为这种落后的局面都是极为被动的（甚至越南官方怀疑中国的信息技术优势影响越南国家安全[①]）。基于这些考虑，越南不满足于吸收、引进、转化国外互联网发展和治理技术与经验，而是要激发活力、大胆创新，实现跨越式发展甚至是"弯道超车"，可以在越南频频发布互联网发展规划和文件的字里行间体会到越南党和政府的发展冲动和赶超意愿。事实证明，越南的"赶超"模式是比较成功的，相对于其他国家而言获得了"加速度"，近几年在互联网发展上成绩斐然，与中国之间的差距正在缩小（越南的互联网普及率已经赶超中国，越南的软件研发位居世界前列），成为同等体量国家中的佼佼者。

---

① 参见腾讯网：《越南彻查中国进口技术设备称"威胁信息安全"》，http：//news. qq. com/a/20160805/038706. htm，2016 - 08 - 05；环球网：《越南安全部门：不要将机密信息存入联想电脑》，http：//china. huanqiu. com/article/2016 - 01/8417265. html，2016 - 01 - 08 等。

第5章　中国越南互联网治理策略比较

策略，是指为了实现既定目标所制定的一整套行动方案、选择手段和方式方法。互联网治理策略即指为了实现互联网治理目标而采取的手段措施、方式方法，属于治理的技术层面，是互联网治理理念、互联网治理模式的落地和实践，直接决定着互联网治理的成效和影响。本章在归纳总结中国越南互联网治理策略的基础上，系统比较分析两国的异同。

5.1　中国互联网治理策略

在具体的互联网治理技术和手段上，中国注重运用多种方法综合治理，发现诸多治理方法之间的有机联系，进行优势互补和整合利用，逐渐摸索出符合中国实际的最有效治理技术，并不断完善和创新。

5.1.1　运用多种手段综合治理

在互联网治理实践中，中国政府能够综合运用法律手段、行政手段、行业自律、技术手段、公众监督、社会教育等多种途径，对互联网进行综合治理。

在法律规范上，如前所述，中国互联网治理的典型特点就是"依法治网"。从互联网发展伊始，中国注重对互联网发展的法律监管和法律规范，出台了多项法律法规，涉及互联网治理的诸多领域。近年来，加大了全面推进网络空间法治化的力度，发挥法治引领和规范网络行为的主导作用。互联网治理领域立法的科学性不断增强，互联网治理部门的执法意识不断增强，网民的自觉守法意识不断增强，在逐步实现互联网健康有序发展、互联网空间清朗的目标上推进了一大步。

在行政监管上，互联网治理机构通过审批、许可、登记、年检等形式对互联网企业和互联网社会组织进行监督管理。除了日常行政监管，互联网治理机构也会在特定时期根据互联网治理过程中表现出来的特殊问题进行集中整治，目的在于集中行政力量和行政资源解决某些复杂和棘手问题。例如，一些网站为了追求经济利益和广告效应，发布粗制滥造、内容低俗、吸引眼球的信息和新闻，严重败坏网上风气。2009 年 1 月，国务院新闻办、工业和信息化部、公安部、文化部等七部委部署在全国开展为期 1 个月的整治互联网低俗之风专项行动。① 又如，网络敲诈和有偿删帖违反国家互联网治理法律法规，侵害群众合法权益，破坏网络传播秩序，损害互联网管理部门和网络媒体形象，扰乱社会主义市场经济秩序。从 2015 年 1 月开始，用了半年的时间，国家网信办、工业和信息化部、公安部、国家新闻出版广电总局四部门在全国范围内联合开展"网络敲诈和有偿删帖"专项整治工作。②

在行业自律上，中国互联网治理一直主张通过加强行业自律，不断规范互联网企业的经营行为。中国互联网协会等行业协会先后成立，包括《中国互联网行业自律公约》《互联网站禁止传播淫秽、色情等不良信息自律规范》《抵制恶意软件自律公约》等在内的一系列行业规范和职业规范陆续制定和发布，起到了良好的舆论引导和行为塑造作用。中央网络安全和信息化领导小组成立后，更加注重加强网络社会组织建设。2015 年 4 月，中国文化网络传播研究会成立，积极促进中华优秀文化的创造性转化和创造性传播。2015 年 8 月，中国互联网发展基金会成立运行，成为全球首家互联网领域公募基金会。成立基金会的目

---

① 新华网：《国新办等七部委开展整治互联网低俗之风专项行动》，http：//news. xinhua-net. com/politics/2009 – 01/05/content＿ 10606040. htm，2009 – 01 – 05。

② 新华网：《鲁炜部署"网络敲诈和有偿删帖"专项整治：切实防止"灯下黑"》，ht-tp：//news. xinhuanet. com/politics/2015 – 01/23/c＿ 1114098268. htm，2015 – 01 – 23。

的在于整合和调动社会资源，激发公众参与互联网治理等公益活动的积极性，进一步在互联网治理过程中弘扬社会主义核心价值观，推动中国互联网事业健康发展。2016 年 3 月，中国网络空间安全协会正式成立，旨在促进网络安全行业自律，引导各类企业履行网络安全责任。2016 年 9 月，14 家网络社会组织共同发出《推动提升网络素养助力"争做中国好网民"行动》倡议书，该倡议旨在推动提高网民网络素养，助力争做中国好网民行动。截至 2016 年年底，中国已有近 600 家网络社会组织。

在技术手段运用上，中国在互联网治理过程中历来重视技术手段作用，遏制互联网非法信息扩散，保护国家信息安全和企业、社会组织、网民尤其是未成年网民的正当权益。[1] 中国运用技术手段治理互联不良信息主要通过三个渠道：一是有效控制互联网的接入关口。互联网治理机构可以设置"网关"，在国家接入国际互联网的入口处阻挡和拦截特定的 IP 地址和域名。二是通过监控、过滤和拦截等技术手段，阻断传播通道和传播链条，防止不良互联网信息大面积传播。例如，为了净化网络环境，避免青少年受互联网不良信息的影响和毒害，2009 年 5 月，工业和信息化部要求电脑出厂之后、销售之前要统一安装"绿坝—花季护航"软件，过滤不良信息，起到保护未成年网民不受互联网不良信息影响的目的。三是在互联网治理中实行实名制管理，增强网民的责任感和自律感。目前，中国正在逐步推进互联网实名制，一些著名网站和论坛已经实行实名登录和留言。

中国互联网治理还比较重视公众监督的作用。中国互联网违法和不良信息举报中心充分发挥网民举报作用，2015 年共受理举报 100 多万次。同时，推动 17 个省级单位设立了举报中心，促进 228 家重点网站开展举报工作，指导全国受理 2800 万件次公众举报，在维护互联网信息传播秩序和网民权益、鼓励网民参与互联网治理、建设文明健康有序的网络空间等方面取得了积极成效。此外，在社会教育方面，注重运用各种教育培训方式，潜移默化，不断提高互联网从

---

[1] 新华网：《中国互联网状况白皮书》，http：//news. xinhuanet. com/politics/2010 - 06/08/c_ 12195221. htm，2010 - 06 - 08。

业人员的职业素养和网民的互联网伦理水平。

5.1.2 加强网络信息舆论治理

在网络信息时代，互联网信息成为形成舆论、催化舆论的至关重要因素。网络信息具有很强的社会属性、政治属性和文化属性，良好网络信息能够促进积极健康向上的社会舆论形成，反之，则会形成误导性的社会舆论，对国家治理和党的执政安全产生重大消极影响，甚至形成全局性系统性风险。因此，互联网信息舆论治理是舆论工作的重要组成部分，被中国执政党和政府关注。

第一，对非法和不良互联网信息进行明确的法律界定。将互联网信息舆论治理纳入法治化轨道，是推进互联网信息舆论治理体系建设和治理能力提升的基石所在。中国互联网治理法律法规明文规定，互联网信息舆论治理的主要对象包括：一是违反宪法的互联网信息；二是煽动颠覆国家政权的互联网信息；三是损害国家尊严和荣誉的互联网信息；四是泄露国家秘密的互联网信息；五是破坏国家和民族团结的互联网信息；六是宣扬封建迷信、色情暴力等的互联网信息；七是散布谣言、破坏社会稳定的互联网信息；八是侵害他人各种权益的互联网信息。[1] 中国互联网治理机构运用各种手段最大限度地消除、屏蔽、过滤这些网络信息，实现网络舆论的根本性改善。

第二，加强网络信息舆论治理的部门协作。由于微博、微信等各种新媒体推陈出新、快速发展，过去各个部门在互联网管理中积累的经验和知识，已经越来越难以应对新媒体条件下互联网治理所面临的新情况新问题。在此背景下，2011 年成立的国家互联网信息办公室作为一个专门的、全方位的互联网信息管理机构，不仅负有推动和落实国家互联网信息传播大政方针和法律法规的职责，而且负有指导、协调、督促有关部门互联网信息内容管理的广泛职责。该机构的设立是我国互联网信息内容管理体制建设的一个里程碑事件，也是加强互联网信息内容管理的一个重要的机制保证，对改变"多头管理、分而治之"的弊

---

① 新华网：《中国互联网状况白皮书》，http://news.xinhuanet.com/politics/2010 – 06/08/c_ 12195221. htm，2010 – 06 – 08。

病,强化各监管部门之间的协作合作具有重要的意义。同时,各级各地设立的互联网信息办公室实行高度垂直化管理,统一机构名称,规范隶属关系,形成治理新局面。① 2011 年 12 月,在江苏省镇江市召开网络文化建设和管理现场经验交流会,会议总结提炼了"镇江经验",要求各地各级互联网治理机构贯彻落实"谁主管、谁负责"的原则,切实做好本辖区内互联网治理工作。中国党和政府要求互联网信息舆论治理部门不断改进和创新工作方式方法,按照习近平总书记的要求,积极掌握各种新媒体,推动互联网融合发展,在互联网舆论治理上要把握"时效度"的基本要求,主动作为,加强引导,创新形式。②

第三,加大网络信息舆论监测的力度。网络舆情监测技术利用搜索技术、统计原理和分析方法对互联网上的信息进行定向跟踪和自动识别,预测其发展演化趋势,进行有针对性的信息管理和传播引导。③ 由于中国目前对网络信息舆论监测的重视,各级政府机构、企业和社会组织对网络舆情监测服务有着巨大需求。重点新闻门户网站、传媒研究机构、软件公司、市场调查公司等纷纷进入舆情监测分析领域,提供舆情监测服务。在使用的监测软件上,一般由软件公司、高校科研机构和政府部门等研发,代表性的有军犬、麦知讯、红麦、邦富、美亚等品牌产品。同时,加强舆情监测分析队伍建设,实施专人专岗、24 小时人工动态监测,做到技术"抓取"和人工研判的有机结合。目前,中国的舆情分析高端人才主要分布在以下三类机构中:一是政府机构和主流媒体舆情管理机构,如国家网信办(应急指挥中心和举报中心)、人民网(舆情监测室)、新华社(舆情监测分析中心)等。二是高校、科研单位的舆情研究机构,如中国传媒大学(公关舆情研究所)、天津社会科学院(舆情研究所)、复旦大学(传媒与舆情调查中心)等。三是市场化媒体和部分从事舆情监测分析的公司,如新浪、搜狐、腾讯、中国舆情网、麦知讯公司等。

---

① 闵大洪:《2011 年的中国网络媒体与网络传播》,《人民日报》,2011 年 12 月 26 日第 7 版。

② 新华网:《习近平主持召开党的新闻舆论工作座谈会》,http://www.xinhuanet.com/politics/xjpzymtdy/,2016 – 10 – 20。

③ 中国信息化发展报告课题组:《网络与治理:中国信息化发展报告(2015)》,电子工业出版社,2015 年版,第 120 页。

第四，对散布非法和不良信息行为进行坚决整治。尽管进行了必要的行政监管、法律建设和舆论监测，但是惩治手段是互联网信息舆论治理的底线措施。如果仅仅是一味预防和告诫，而不提高违法违规行为的成本，在某种程度上就不能对遏制散布非法和不良互联网信息的行为起到必要作用。在对待互联网企业违法违规行为方面，中国政府毫不手软，甚至不惜牺牲经济利益。2010年前后，由于谷歌公司不能履行中国政府关于屏蔽网络虚假消息的要求，双方产生了严重的意见分歧，被迫退出中国市场。在对待网民违法违规行为方面，中国政府不遗余力地进行提醒教育和依法处理。针对某些"网络大V""意见领袖"发布虚假消息、蒙骗群众、煽动社会舆论的行为，中国政府依法对其进行治安和刑事处理，并且善于以案说法，通过媒体宣传教育网民遵守互联网相关法律，发挥案件查办的警示教育功能。2014年以来，中国有关部门陆续处理了"秦火火""立二拆四"等网络造谣案件，有效遏制了互联网非法和不良信息的散布，震慑了违法违规行为，引发了广泛的舆论关注，教育了广大网民。

5.1.3　保护和利用大数据资源

大数据涉及生产、生活、消费、交通的方方面面，是一国掌握的极为宝贵的"金山银矿"，也是重要的基础性战略资源。如今，"制数权"与制陆、制海、制空权同样重要，① 已经成为国家治理的重要能力之一。能够有效"制数"，关系到数据资源的挖掘使用、网络信息安全的维护和对经济社会发展的精准分析判断，是一项崭新而又艰巨的任务。在可预见的将来对互联网治理会产生十分关键性的作用，甚至对党的执政能力和地位构成影响，成为中国党和政府日益重视的问题。

2015年，《促进大数据发展行动纲要》明确提出未来5—10年大数据发展的行动目标，主要包括：一是通过大数据发展服务社会治理新模式构建；二是通过大数据发展建立经济运行新机制；三是通过大数据发展构建民生服务新体系；

---

① 国家税务总局网站：《"互联网＋税务"：展翅高翔天更阔》，http：//www. china-tax. gov. cn/n810219/n810744/n1976200/c1951820/content. html，2016－06－23。

四是通过大数据发展形成创业创新新格局；五是通过大数据发展推进产业发展新生态。① 这为中国互联网治理中的大数据战略规划了明确的路线图和时间表。

在数据资源的保护上，中国着力强化安全保障，维护安全底线。一是建立健全大数据安全保障体系。美国全球监控计划曝光之后，中国迫切感受到信息泄密造成的巨大经济风险、政治风险和社会风险，要求各级政府和部门对大数据安全进行集中分析评估，建立网络信息安全制度，对大数据资源进行分级分类保护，切实改进大数据资源在互联网上的生成、传递、存储、分享渠道，不断提高安全等级，不断设计安全防护措施，切实加强对经济、军事、文化、科技、地理等领域的大数据资源保护，从法律法规层面明确信息泄露的相关责任后果，促使各单位各部门重视并做好大数据安全保障工作。二是强化大数据的安全支撑体系。在大数据管理和使用过程中，采用安全可靠的软硬件设备和互联网服务。2014 年，国家互联网信息办公室公布出台了《网络信息安全审查制度》，出于网络安全和数据安全考虑，将赛门铁克和卡巴斯基反病毒软件排除出互联网服务提供商名录。同时，加强大数据动态运行和安全防护监测信息系统建设，动态进行实时分析，构建大数据安全与国家信息安全联网体系，建立大数据泄密突发事件预警和应对处置平台，夯实政府机构、企业和社会组织的大数据运行设备保障。

在数据资源的利用上，中国推动大数据开放共享，促进资源综合利用。政府部门加大互联网信息搜集、分析和存储的力度，提高政府机关大数据的搜集分析和挖掘利用能力，加强大数据信息平台建设和数据库建设。在此过程中，做好"增量先行"工作，做好新增数据的统筹管理和使用规划。公布大数据分享目录，主动向企业、社会组织和公民提供丰富的大数据服务，获得大数据工作上的社会认同和社会支持。通过大数据分享，促进政府部门进一步做好简政放权、放管结合、优化服务，促进政府部门信息公开和政务公开，鼓励网民通过大数据资源获取更多的决策信息、行政信息和执法信息，对权力产生更好的

---

① 中华人民共和国中央人民政府网站：《国务院关于印发促进大数据发展行动纲要的通知》，http：//www. gov. cn/zhengce/content/2015 - 09/05/content _ 10137. htm，2015 - 09 - 05。

监督制约作用。引导企业、社会组织和科研机构，逐步开放数据资源，实现信息共享，进一步降低大数据综合利用成本，最大化发挥大数据治理和使用效能，更好地服务于经济社会发展。

5.1.4 着力推进电子政务发展

联合国经济社会理事会将电子政务定义为，政府通过信息化手段，在互联网及其相关的新媒体工具上发布政府信息、接受社会监督、与民众沟通互动、解决实际问题，不断增加政府决策和施政的透明度，提升政府公共服务的质量和水平，增强政府的合法性和公信力，进而构建良好的政府间关系、政府与社会关系、政府与公众关系。自20世纪90年代中后期以来，电子政务在世界范围内迅速发展，成为各国政府管理、公共服务模式创新变革的生动呈现，甚至成为助推经济社会发展和社会良性治理的重要力量。中国党和政府高度重视电子政务建设在国家治理中的作用，将其作为互联网治理中十分重要的议题和领域来对待。2007年颁布的《中华人民共和国政府信息公开条例》规定，要不断提高政府透明度，发挥信息公开的积极作用，促进规范执法和依法行政，切实为人民群众服务。① 近年来，中国各级政府进一步加大了通过政府网站公开信息的工作力度，政府网站已经成为政府信息公开的主要渠道。主要表现在：网站内容建设质量不断提升，政府信息发布逐步规范化、常态化，网站访问量稳步上升，一些地方政府更是积极将政府网站打造成当地政府信息公开的第一平台。十八大以来，中国开启了新一轮行政体制改革，政府职能转变的步伐明显加快，激发了社会创新潜能，提高了政府服务效率。当前，信息技术飞速发展，给世界各国的国家治理和社会治理带来新机遇新挑战。一些国家积极研究大数据、云计算、物联网的发展及其新技术运用带来的契机，率先应对新经济革命和新社会革命的翻天覆地变化，争取掌握主动权。《中华人民共和国国民经济和社会发展第十三个五年规划纲要》明确提出，要为人民群众提供更加优质、高

---

① 新华网：《中华人民共和国政府信息公开条例》，http：//news. xinhuanet. com/politics/ 2007 – 04/24/content_ 6017637. htm，2007 – 04 – 24。

效、便捷的公共服务，进一步促进政务公开，积极试行"互联网＋政务服务"，① 以互联网新思维新手段加速政府行政与经济社会发展的有机融合，助推经济社会发展和互联网治理转型升级。社会公众不再满足于传统电子政务的管理方法，也不仅仅满足于政府网站单方面提供的"政府信息公开"和"政府在线办公"的功能，而是在电子政务的"政民互动"与"在线服务"方面提出了新的更高的要求。②

近期，中国在电子政务建设上的新进展表现在：一是移动政务成为中国电子政务发展的亮点。以政务微博、政务微信公众号和移动政务客户端（政务APP）三个移动政务新媒体平台为代表的移动政务新媒体的出现和飞速发展，为实现移动互联网时代的便民为民服务，完善政民互动，加强政务公开，汇集网络人心，促进电子政务发展提供了重要的平台。以"三微一端"为代表的移动政务新媒体的覆盖人群和公众认可度不断得到提升，为政府和民众的沟通交流搭起了新的桥梁和纽带，已经成为越来越多的各级党政机关进行为民服务的"标配"。二是新媒体平台成为电子政务的重要支撑。微博、微信等新媒体平台成为很多政府机构面向公众提供服务的重要渠道。2014 年 8 月发布的《即时通信工具公众信息服务发展管理暂行规定》，进一步促进了包括政务新媒体在内的信息发布工具的规范化管理。此后，有一大批省市县政府以及有关部门都相继出台了部门专属的微博、微信公众号以及移动客户端的管理办法。三是大数据企业更加有助于提升政府治理能力。李克强总理多次就运用大数据提高政府治理能力做出指示，国家工商总局、证监会、银监会等多个部门已经在开展大数据应用的具体工作。中国主要的互联网企业如百度、阿里巴巴、腾讯等，都具有丰富的数据资源、较强的技术能力和较成熟的技术平台，同时也具有与政府充分合作的意愿，将相关企业和平台的力量充分利用起来，共同推动大数据在政府的应用。

① 新华网：《中华人民共和国国民经济和社会发展第十三个五年规划纲要》，http：//sh. xinhuanet. com/2016 - 03/18/c_ 135200400. htm，2016 - 03 - 18。

② 中国皮书网：《电子政务蓝皮书：中国电子政务发展报告（2015—2016）》，http：//www. pishu. cn/zxzx/xwdt/379861. shtml，2017 - 03 - 11。

2016 年发布的年度《联合国电子政务调查报告》显示，中国的电子政务发展指数（EDGI）为 0.6071，位列全球 193 个国家的第 63 名，三个子指数分别为 0.7681（在线服务）、0.3673（通信基础设施）、0.6860（人力资本）。[①] 这意味着目前中国电子政务水平位于发展中国家前列，已处于全球中等偏上水平，《报告》还专门点出了中国电子政务属地信息提供和为群众参与环境治理方面做出的成绩。

5.2 越南互联网治理策略

越南提出其互联网治理的具体目标是"建设安全健康的信息社会"，限制互联网的负面影响，保护越南互联网用户免受网络信息失去安全的危机和风险，强化越南在互联网方面的执法效力，依法进行信息社会管理和治理，营造可靠的网络环境，为促进信息技术应用和在线交易打下基础。为达到这样的治理目标，越南在互联网治理实践中采用了以下策略和方法：

5.2.1 实施网络运行严格监管

越南在民主化进程中遇到了向资本主义"和平演变"的巨大危险。西方国家处处以越南政治革新为突破口，企图改变其政权性质，颠覆社会主义制度，纳入资本主义轨道。1995 年，美国越南实现关系正常化时，克林顿毫不掩饰地说："我相信两国关系正常化将大大增强美国人与越南人之间的接触，有助于推动越南向苏联和东欧方向发展，实现越南的自由事业。把越南纳入民主阵营，是对牺牲的越南自由战士的最好告慰。"[②] 越共十二大报告非常郑重地指出：1994 年召开的党的第七次全国代表大会中期会议提出的四大危机仍然存在，有些发生了复杂变化，敌对势力的"和平演变"采用新花样，特别是充分利用网

---

① UN E – Government Knowledge Database, "*UN E – Government Survey* 2016", http：//work-space. unpan. org/sites/Internet/Documents/UNPAN96420. pdf，2017 – 02 – 25.

② 转引自游明谦：《当代越南经济社会发展研究》，香港社会科学出版有限公司，2004 年版，第 149—150 页。

络媒体对越南进行破坏，表现为内部的"自我演变""自我转化"。干部、党员和人民对党、国家制度的信仰减弱。① 对此，越南信息通讯部部长张明俊直言不讳："互联网的负面已对越南社会生活的多方面产生显著冲击，包括许多消极影响，如创建一系列欺诈网站、散发违反我们民族淳风美俗的不实信息、传播病毒或有毒软件等。不仅仅民众，而且在网络环境中提供在线服务的机关、组织、企业均受经济、威望、信用水平等方面的影响、损失。"②

基于此，越南政府主要采取了以下措施：

一是政府主导监管。主要体现在：一是越南政府严格管理、统一监管国际互联网接口和网关，定期评估国际接口的安全性和稳定性；二是严格搜索、监控和管理互联网信息，对网上信息进行层层把关筛选和过滤，网络邮件和上传下载的互联网信息均在互联网治理机构的掌控之中；三是包括政府机关、企业、社会组织和个人在内的互联网用户，均要接受互联网治理机构的监督和检查；四是一旦发现网络安全问题和政治安全问题，越南政府有切断与海外互联网连接的权力。③

二是入网资格监管。任何机关单位、企业、社会组织和个人（包括外国驻越机构）要想连接互联网，必须向越南互联网治理机构进行申请和备案。相关机构会对申请者的信息、背景、资格、条件等进行严格审核，审核通过之后，才能被允许连接国际互联网网。如果申请互联网经营业务或者提供互联网服务代理，手续则更为复杂和严格，也必须向互联网治理机构进行申请，明确经营范围、服务内容、设备情况和注册地址，审核通过后将收到互联网连接和经营许可证，便于越南政府进行管理和监控。如停止互联网连接，或者暂停互联网经营业务，都必须向发证机关书面报告，说明情况。如需要再次开通，则要进行再次申请。

三是机密电脑监管。在越南，通过公共电话线路连接互联网，被命令禁止，

① 《越南共产党第十一届中央委员会在党的第十二次全国代表大会上的政治报告（上）》，《南洋资料译丛》，2016 年第 4 期。

② 张明俊：《当前越南安全健康的信息社会的建设与发展》，越南共产主义杂志网站，http://cn.tapchicongsan.org.vn/Home/social/313/Story，2017 – 03 – 22。

③ 周季礼：《越南信息安全建设基本情况》，《中国信息安全》，2013 年第 8 期。

因为会产生网络安全问题和泄密危险。为了保护越南数据资源，同时规定：党和政府、科研机构、国防安全部门的数据库一律采用内联网，不得与互联网连接。如有连接需要，要设立独立的网关接口，同时做好应急处置的技术准备。这样，可以最大限度地确保信息安全，防止重要的战略信息资源经由互联网被窃取。

四是网吧监管。2005 年越南的互联网管理办法规定，14 岁以下未成年人如果没有专人监护，不得私自上网。2006 年又规定，对连续上网 5 小时以上的网民，网吧必须通过各种方式（如减少积分）规劝其离开。2009 年 3 月 20 日，在新颁布的互联网管理办法中，越南政府规定，违反网络游戏管理规定的网吧，最高将被处罚 5000 万越南盾。2010 年 8 月，越南政府关闭了首都河南学校附近的网吧，帮助青少年戒除网瘾，打击网上涉黄涉暴内容，采用技术性手段进行信息拦截和过滤，取得了一定成效。河南市政府为了保护青少年学生的学习生活不受影响，出台严格限制令，甚至要求市内网吧不得在晚上 11 点至第二天早上 6 点前营业，也不得在学校周边 200 米范围内营业。

5.2.2 严厉整治网络不良信息

越共十二大报告指出：在互联网时代，越南近些年大众传媒从类型、规模、力量、技术手段到社会影响快速发展，人民的文化生活得到改善，但是"大众传媒系统发展缺乏科学的规划，造成资源浪费，管理跟不上发展的需要"，"对外来文化产品进口、推广、吸收泛滥，缺乏选择，已经给一部分群众，特别是给少年带来负面影响"（外国学者进行深入调查研究发现，互联网对越南青少年网民的性行为产生较大影响[1]），因此，要"重视对互联网信息的管理工作，保证人民，特别是保证青少年的思想方向和审美观"。[2]

对互联网信息执行严格的内容审查。越南规定，在互联网中上传、接收的所有信息，均不得含有以下内容：一是反对越共、破坏团结的互联网信息；二

---

[1] Anh D. Ngo, Michael W. Ross and Eric A. Ratliff, *Internet influences on sexual practices among young people in Hanoi*, *Vietnam*. Culture, Health and Sexuality, June 2008, pp. 23 – 29.

[2] 《越南共产党第十一届中央委员会在党的第十二次全国代表大会上的政治报告（上）》，《南洋资料译丛》，2016 年第 4 期。

是煽动暴力、制造仇恨的互联网信息；三是宣传反动文化和封建迷信的互联网信息；四是歪曲历史、否定革命的互联网信息；五是侮辱伟人和英雄的互联网信息；六是有损公民权利和人格的互联网信息。对含有以上禁止信息的网站，越南政府要么使用防火墙进行封锁；要么通过过滤软件，筛选和过滤特定信息；要么控制网络终端，防止有害信息大范围传播，进行实时监控和处理。

对互联网信息传播加强执法监管。越南规定，各级管理机构和组织必须采取有效措施及时制止法律禁止的信息内容传播。如有组织或个人接收到含有"禁止内容"的信息，必须立即向互联网治理机构报告。还把四种行为列为严禁行为：一是利用互联网颠覆越共的领导和越南社会主义制度；损害他人的名誉和利益；泄露国家和组织秘密；散布网络谣言；出售违禁物品行为，等等。二是破坏互联网基础设施和妨碍正当的互联网治理工作的行为；三是利用互联网非法盗取他人网络信息、个人密码和网络秘钥的行为；四是《信息技术法》第71条所规定的利用互联网传播网络病毒的行为。只要涉及以上四种行为之一，将依法受到越南政府的严肃处理。2015年颁布的《网络信息安全法》同样强调了网络信息传播违法行为应当承担的法律责任。[1]

对互联网信息管理加强舆论引导。越南政府的宣传教育部门和互联网治理机构掌握众多的网上账号和微博，通过这些账号和微博发声，以帮助阻止网上的"负面谣传"。针对通过网络动员在河内举行的游行聚会和呼吁，越南政府利用不同的媒体平台积极发声，使舆论局面朝着有利于越南党和政府的方向转化。据报道，越南政府至少组织和培训900位"公共意见领袖"和"网络水军"，经常性地在网上宣传党和政府的主张，突发事件时则从事舆论引导工作。[2]

对互联网信息违法行为进行及时处理。2012年9月12日，越南公安部经过侦查，关闭了一些刻意攻击越共领导、散布政治谣言的网站。越南法院随后以宣传破坏社会主义国家罪，对一些"网络大V"依法做出了判决。2013年7月，总理阮晋勇批准72号法令生效。该法令规定，个人社交网站页面上只能登载

---

① 越南信息通讯部网站："*Law on network information security*"，http：//english. mic. gov. vn/Pages/VanBan/13715/Law – No. – 86_ 2015_ QH13. html，2017 – 02 – 14。

② 夏至：《服务于政府的越南网络水军》，《世界博览》，2013年第7期。

"私人信息"、个人信息,不得登载"公共信息"尤其是政治信息,严禁互联网企业和互联网服务供应商发布一切危害越共领导、国家安全和社会稳定的信息。① 该法令的颁布,在国内外产生了广泛的舆论影响,互联网公司、人权组织以及美国政府都曾对此项法令提出批评,被称为"东南亚互联网审查之最"②。2015 年,越南各界探讨在互联网上通过及时提供准确信息,来遏制不实、恶意信息在网络,尤其在社交网络上扩散。越南政府总理在部署 2015 年工作任务时强调了通过互联网信息引导舆论的重要性,表示越南不主张关闭社交网络,但由于一些恶意信息不断被扩散,因此有必要及时提供准确信息。③

与此同时,越南政府对脸谱(FaceBook)、谷歌(Google)等海外社交媒体和网络公司网开一面,使得其在越南市场和用户中占据了较大份额。据统计,脸谱在越南有 3200 万用户,占据总人口的 35.7%——几乎是日本用户比例(19%)的两倍。每位用户基本上都有 1000 多好友,社交面更广的,甚至有 5000 多位好友。每位用户平均每天花 2.5 小时使用脸谱,是看电视时间的两倍。④ 社交媒体的大行其道并影响到了越南电子报刊的内容,越南《青年报》在脸谱上吸引了 132 万粉丝,为了迎合更多读者,扩大报纸的覆盖面,编辑部也需要调整思路,遵守社交媒体的游戏规则,改变办报的形式和风格。⑤ 越南总理与谷歌总裁会面时表示,在"保护越南在因特网上的国家安全和越南美好文化价值等方面加强协调配合"。⑥

---

① 越南信息通讯部网站:"*On the management, provision and use of Internet services and online information*",http://english. mic. gov. vn/Pages/VanBan/11310/72_2013_ND-CP-. html,2017-03-24。

② 王家骏:《越南最严互联网管制真相》,《时代人物》,2013 年第 11 期。

③ 新华网:《越南探讨遏制社交网络恶意信息扩散》,http://news. xinhuanet. com/2015-02/06/c_1114285609. htm? prolongation=1,2017-03-22。

④ 雨果网:《Facebook 发展势头迅猛,成越南电商市场重地》,http://www. cifnews. com/article/19347,2017-04-10。

⑤ 黄明贤:《社交媒体对越南电子报刊内容的影响》,吉林大学硕士学位论文,2016 年,第 14 页。

⑥ 越共电子报网站:《阮晋勇总理会见谷歌首席执行官桑达尔·皮查伊》,http://cn. dangcongsan. vn/foreign-policy/阮晋勇总理会见谷歌首席执行官桑达尔·皮查伊-362597. html,2017-02-28。

5.2.3　大力提升电子政务水平

为确保越南紧跟世界发展的步伐，越南政府多方面、多角度加大对越南电子政务发展与建设工作的力度，把发展电子政务作为行政改革的重点内容和目标之一。越南各级政府已经认识到：传统意义上的文件管理和行政活动已经远远跟不上经济社会发展的潮流，应该最大限度地利用电脑技术和互联网优势，大力发展电子政务，使整个国家机关和行政系统朝着健康、高效、快捷、服务的方向发展。这样才符合越南政府行政管理活动改革的目标，以人民为中心，将管理转变为服务。

21 世纪以来，越南党和政府提出了一揽子关于电子政务建设的指导意见和政策性文件，加强指导和推进该项工作。2000 年，《加强应用与发展信息技术服务工业化现代化的过程》（越共中央 58 号指示）提出在 2001 至 2005 年要实现行政管理信息化。58 号指示之后，越共陆续出台相关政策，涉及如何在机关单位中迅速普及互联网技术和对发展信息技术减免营业税等优惠政策等内容。同时，越南政府配套出台相关文件，其中包括：《行政管理信息化、电子政务建设和提供电子政务》（2007 年第 64 号决定）、2008 年第 43 号决定、《2008 年与2009 年至 2010 年阶段机关单位活动中应用信息技术》（2009 年第 48 号决定）以及《关于 2011 年至 2015 年阶段机关单位活动中应用信息技术的国家目标章程》（2010 年第 1605 号决定）等等，不断丰富和完善电子政务发展规划和具体措施，起到了强有力的推动作用。据统计，从 2005 年 7 月到 2010 年，八次电子政府全国研讨会在越南召开。召开这些研讨会的目的就是为了更好凝聚智慧，促进越南电子政务的发展。事实证明，越南党和政府大力推进电子政务的决心和意志十分强烈，以此促使国家行政改革的动机也十分明显。[1] 到 2010 年前后，越南能够开展网上登记、许可办理、网上支付等基础性电子政府项目，初步建成了国家信息系统和数据库，电子政务建设获得重大进展。[2] 2013 年，越南信

---

① 阮仲仁：《越南芹宜市电子政务发展研究》，广西大学硕士学位论文，2015 年，第13 页。
② ［越］黄氏玉簪：《越南平定省电子政务建设研究》，广西大学硕士学位论文，2014 年，第8 页。

息通讯部向政府递交关于国家机关通信技术应用决议的 5 年实施情况报告，建议政府总理继续指导落实决议，发展电子政务，推动新形势下政务改革。越南 90% 左右的政府直属机关部委干部、公职人员，60% 以上的省级、直辖市干部、公职人员已配备计算机，所有部委和地方都建有网站或主页，并根据《通信技术法》规定提供有关信息和在线服务。①

2016 年度《联合国电子政务调查报告》显示，越南电子政务发展指数（EGDI）在全球电子政务排行榜上排名第 89 位，其中，越南在线服务指数（OSI）、通信基础设施指数（TII）及人力资本指数（HCI）分别排名第 74 位、第 110 位及第 127 位②。排名显示，越南近几年电子政务发展迅速，取得不小进步，在发展中国家中成绩比较靠前。同时发现，越南在通信基础设施建设方面依然存在较大的短板，信息技术人力资源与发达国家相比依然差距不小。越南政府副总理武德儋强调，联合国电子政务排名一向是越南政府关注的问题之一，其不仅直接影响到企业及人民的利益，而且也影响到国家在吸引投资、国际贸易磋商等方面的竞争力。③

越南政府不满足于取得的现有成绩，针对存在的问题，继续大力推进电子政务建设，为互联网治理和国家治理现代化提供更加有力的信息化支撑。下一步，越南政府将制定和颁布改善电子政务发展指数的指导文件；将电子政务数据进行更准确的综合统计，提交联合国等国际组织，以便真实准确系统反映越南电子政府发展情况；主动学习借鉴法国、新加坡等在线服务发达国家的宝贵经验，进而加大在线服务的实施力度；加强电子政务人才的培养和储备；要求各部门各行业针对不同的指数制定详细的改善计划，着重加强基层电子政务建设工作；将各大型信息技术企业作为电子政务建设的核心。可以预见，越南的

---

① 中华人民共和国商务部网站：《越公布电子政务发展情况》，http：//www. mofcom. gov. cn/article/i/jyjl/j/201303/20130300043341. shtml，2013－03－28。

② UN E－Government Knowledge Database，"*UN E－Government Survey* 2016"，http：//workspace. unpan. org/sites/Internet/Documents/UNPAN96420. pdf，2017－02－25.

③ 越共电子报网站：《武德儋副总理：各大信息技术企业需成为电子政府建设的核心》，http：//zh. vietnamplus. vn/武德儋副总理各大信息技术企业需成为电子政府建设的核心/60744. vnp，2017－03－27.

电子政务在不久的将来会有取得更显著的成绩，成为其互联网治理中的亮点。

5.2.4 力促经济和安全的平衡

越南作为一个发展中的社会主义国家，尽管近年来经济发展速度在世界范围内比较抢眼，但是，由于经济技术落后，发展基础薄弱，目前仍处于世界中低收入国家行列。2015 年越南的人均 GDP 为 2111 美元，仅为中国的四分之一左右。因此，就越南目前而言，首要任务依然是"推动全面协调的革新事业，经济快速健康发展"，"提高人民物质和文化生活水平"，进一步打牢国家物质条件基础，壮大经济实力。为此，越共十二大提出了"5 年的经济增长速度为年均增长 6.5%—7%，到 2020 年，人均 GDP 大约为 3200—3500 美元"① 的目标。如前所述，越南在互联网治理上的一个十分重要的思路就是最大化利用互联网发展带来的经济社会效益（尤其是经济效益）。其中包括：大力吸引海外互联网企业资本和技术，提升越南信息产业规模和效益，服务于经济转型升级；大力发展越南互联网企业，进军海外市场，赚取更多外汇；大力发展电子商务，促进商品交易和流通，活跃社会主义定向的市场经济；大力培养信息技术人才，建立互联网技术强国，达到东盟甚至世界先进水平；等等。

但是，互联网发展和运用并非越南政府一厢情愿，除了显而易见的经济利益之外，还有上面所提及的网络安全、政治风险和执政挑战。这些也是越南共产党甚为关注的"核心利益"所在。越共十二大强调，"建设牢固的政治体系""保卫党、国家、人民和社会主义制度"也是未来 5 年总体目标的题中应有之义。否则，经济发展了，技术进步了，但党的执政地位丧失了，社会主义制度葬送了，经济建设的成果就会付诸东流，这是越共最不愿意看到的结果。

正如越南信息通讯部部长张明俊强调："越南需要一方面促进更强有力的应用和开发，旨在充分利用技术带来的利益；另一方面要确保维持国家政治、文

---

① 《越南共产党第十一届中央委员会在党的第十二次全国代表大会上的政治报告（上）》，《南洋资料译丛》，2016 年第 4 期。

化、经济和社会的稳定。"① 一旦处理不好两者之间的关系，或者经济发展受损，或者政治稳定受挫，甚至两者都出现比较严重的问题。所以，越南党和政府在互联网治理中运用各种手段和方法妥善处理经济与安全之间的平衡。这其中包括如何既更好地吸国外互联网企业投资越南，解决就业和产业升级问题，又防止外资占领越南市场打击越南本国企业；如何既充分利用国外互联网新技术促进社会交流，降低行政成本和交易成本，又防止国内反对派利用互联网新媒体进行政治动员，挑战越南执政党底线；如何既通过互联网开展政治宣传和国际传播，又最小化海外政治势力对越南国内的渗透和思想文化负面影响。这些方面，都需要高超的政治智慧、成熟的治理运作和灵活的手段策略，考验着越南执政党的执政水平和治理能力。

5.3　中越互联网治理策略的共性与差异

对比发现，中越互联网治理策略既有共性，也有差异。总体来看，两国在治理策略的政策考量和整体选择上相似性、共同点居多，在治理策略的具体运用和实践水平上差异性、不同点存在。

5.3.1　策略的共性

第一，中越在互联网治理中均强调舆论和意识形态工作重要性。作为两个重要的现实社会主义国家，中越两国均面临比较大的外部意识形态压力，而通过互联网渠道对中越进行民主输出、信息渗透是西方国家在信息时代采用的新途径新手段。1999 年，布什说："一旦互联网占据了中国，想象自由将会如何飞翔"。美国前国务卿奥尔布赖特曾说："只要中国想实现现代化，就一定要拥抱互联网网。

---

① 张明俊：《当前越南安全健康的信息社会的建设与发展》，越南共产主义杂志网站，ht-tp：//cn. tapchicongsan. org. vn/Home/social/313/Story，2017－03－22。

我们要利用这种大好时机，把美国的价值观通过互联网销售到中国去。"① 2013年，习近平总书记在全国宣传思想工作会议上指出，"意识形态工作是党的一项极端重要的工作"，"如果意识形态领导权、管理权、话语权旁落，党和国家就会落入万劫不复的深渊，出现无可挽回的历史性错误。"②。越共中央总书记阮富仲在十一届八中全会上指出，信息战、网络战等通过经济、外交、文化活动并与"和平演变""暴乱推翻"等相结合的新型战争已经出现且十分危险。③ 由于处于信息技术和综合实力的下风，中越两国只能通过互联网治理的具体策略采取屏蔽和限制不良政治信息技术性手段，同时加强互联网舆论引导，除此之外别无选择。而国外学者将中国越南归入"显著控制"互联网的国家类型④，"无国界记者"组织曾经数次将两国列入"互联网的敌人"国家名单，在国际舆论上大加挞伐。事实证明，中越两国在互联网治理中对舆论和意识形态工作的重视十分必要和关键，一定程度上遏制了政治渗透，净化了网络舆论空间，巩固了意识形态阵地，对维护国家政权安全和意识形态安全产生了极为重要的影响。

第二，中越在互联网治理中均注重实现利益与安全之间的平衡。互联网发展作为双刃剑，任何国家都要处理好互联网发展带来的正效应和负效应，中国越南也不例外。不能为了国家安全完全隔离互联网，背离信息科技浪潮，丧失经济社会发展机遇，更不能单纯为了追求经济利益，丧失国家数字主权，甚至危及国家安全。实现利益与安全之间的平衡，是两国采用的共同应对之道，即在充分利用互联网的积极效应的同时，对互联网风险进行有效防控，最大限度降低安全隐患。郑永年认为，"中国党和政府面临双重压力。一方面，需要通过更加开放和灵活的政策促进信息技术的快速发展；另一个方面，需要通过监管、

---

① 李慎明：《关于"互联网＋"的思考》，中国干部学习网，http：//study. ccln. gov. cn/gcjw/jj/264320. shtml，2017－04－08。

② 新华网：《习近平：意识形态工作是党的一项极端重要的工作》，http：//news. xinhua-net. com/politics/2013－08/20/c_ 117021464. htm，2013－08－20。

③ 越南共产主义杂志网站：《继续发展社会经济，振兴教育培训事业，牢牢捍卫祖国，确保我国永世长存》，http：//cn. tapchicongsan. org. vn/Home/party/73/Story，2017－04－07。

④ Nina Hachigian, *The Internet and Power in One－Party East Asian States*, The Washington Quarterly, Summer 2002, p. 26.

控制等各种手段，最大限度地规避新技术带来的政治风险，保持政权的稳定性"。① 瑟伯格将越南的互联网治理称为"灵活控制"（flexible control），即采用十分"灵活"的手段处理互联网治理问题，只要没有危及执政党的政权安全，就能够容忍一些违规甚至非法的情况发生。② 如果出现在利益与安全产生冲突的情况，"两害相权取其轻"，两国往往都选择了维护国家政权安全和意识形态安全，不惜对互联网发展进行必要的整顿和限制。如上所述，这也是两国共产党执政的社会主义国家性质使然。但是，这种利益和安全之间的"平衡点"对两国而言并非一成不变，而是根据国内形势、国际环境和经济社会科技发展情况有所不同。一般而言，国内政治敏感复杂、国际环境变幻莫测的时间段上，两国均更看重安全问题，互联网治理更偏重政府主导和强硬措施；在经济社会平稳发展，国际环境改善，对外经贸合作诉求强烈的时间段上，两国对安全问题则相对"超脱"，能够以更加温和的手段处理互联网发展中出现的问题。

第三，中越在互联网治理中均面临着技术治理策略的转型升级。研究发现，中越两国在政府主导型互联网治理模式下，对网络安全、网络舆论、网络谣言等问题的治理多采用一定的技术手段展开，即通过信息技术、软件开发、系统控制等方式，实现信息管控、舆论监测和社会治理。不可否认，这种方式在一定时期曾起到比较关键的作用，也为两国政府所倚重，甚至都投入大量物力财力进行性能研究和水平提升。但是，伴随着信息技术的快速发展和信息传播手段的日新月异，靠单纯技术方法进行"封堵"和"监控"，显得越来越力不从心。一是对技术的管理往往滞后于技术本身的发展，二是技术层面难以破解互联网治理的社会问题和政治问题。因此产生了这样的现象：如中国部分年轻网民喜欢使用"翻墙"软件，获得政府屏蔽和阻挡的海外消息；越南部门网民能够"逃过"政府部门的关键词搜索监控，实现"网络集会"和"网络请愿"③。

---

① 郑永年：《技术赋权：中国的互联网、国家与社会》，东方出版社，第36页。

② Björn Surborg, *On - line with the people in the line: Internet development and flexible control of the net in Vietnam*, Geoforum 39, 2008, pp. 44 - 46.

③ Jason Morris-Jung, *Vietnam's Online Petition Movement*, Southeast Asian Affairs 2015, p. 33 - 38.

因此，作为两国党和政府而言，一方面，如何在"纯技术"层面克服被动局面，大力研发功能更加强大的软件和信息系统，不遗余力地对不良信息进行管控，对敌对势力宣传进行抵制，这固然十分重要；但另一方面，如何突破既有的"技术路径依赖"和工具主义思维，树立系统治理和长远治理的理念，在加强治理的制度建设基础上，实现互联网治理与社会治理转型、民主法治进步、思想政治教育之间的有机衔接，产生综合治理的良性局面，应当更为关键和重要。

5.3.2 策略的差异

第一，中越在互联网治理中对待国外新媒体的态度有差异。尽管中越两国对互联网信息的管理比较严格，采用技术手段屏蔽和过滤网上不良信息，加强互联网信息舆论治理。但是，在对待网络新媒体尤其是国外互联网新媒体上有一定差异。中国对外国社交媒体采取较为严格的准入，谷歌、脸谱、推特在中国几乎都无法使用。尤其是因为国家安全原因产生冲突之后，中国政府彻底让谷歌退出中国大陆，目前中国网民也无法访问谷歌网页，谷歌的邮件系统也无法正常使用。中国政府与这些国外互联网公司之间彼此保持戒备，很少互动交流。在越南情况则大不相同，谷歌、脸谱、推特等网站和社交媒体比较流行，在市场上占据了很大的份额，也是越南网民喜闻乐见的信息获取和人际交流工具。越南官方与这些世界一流的互联网企业之间频频互动，希望它们积极参与越南的互联网治理并提供技术力量支持。但是，中越之间的这种差异并不能简单得出中国对待国外互联网企业和社交媒体更严格、更保守的结论。其基本判断应该是：由于中越两国综合实力和技术水平的差异所采取的不同应对策略。有媒体认为，"越南之所以接受脸谱等西方社交新媒体进入，是因为其互联网技术水平不及中国"。[①] 此外，西方对中国越南的政治战略有所区别，拉拢越南对抗中国，这让越南自身的安全感、存在感有所增强，一定程度上影响了越南采取的互联网政策。中国作为蒸蒸日上的网络大国，容不得任何挑战中国主权和

---

① 环球网：《社评：奥巴马无法将越南变成菲律宾》，http://opinion. huanqiu. com/editorial/2016 - 05/8961911. html，2016 - 05 - 29.

安全的行为（哪怕是潜在危险）。中国外交部指出，"谷歌公司既然在中国境内从事商业活动，就应当遵守中国法律法规、文化传统、社会习惯和公众利益，承担相应的社会责任。"① 如果不遵守中方制定的"游戏规则"，一旦发现蛛丝马迹，就坚决肃清这种危险。相比较而言，越南则对外资企业和国外信息技术更为倚重，只要国际互联网大牌企业能给越南带来实实在在的经济利益，没有表现出来的"潜在风险"可以承受，国外互联网企业的一些"擦边球"行为也是越南政府能够容忍的。

第二，中越在互联网治理中电子政务发展程度水平有差异。中越两国在互联网治理中均积极推进电子政务建设，有效发挥互联网参与国家治理的功能。但是，在电子政务发展和运用的具体问题上，两国之间存在着明显的差异。一是越南尚且处于电子政务发展的初级阶段，互联网基础设施还很不完善，刚刚完成政府部门网站的设立和电子政务信息系统的构架。中国已经经过电子政务发展的初级阶段，正在向更高水平转型升级，与世界先进国家水平正在日益缩小。二是越南电子政务发展目前侧重于"告知"，即便于民众了解和掌握政府部门发布的相关信息，有比较明显的单向特征；而中国电子政务不仅仅满足于信息传播，同时具有非常明显的双向甚至多向"互动"特征，同时也在大规模推广网络办事、网上审批等项目，"让信息多跑路，让百姓少跑腿"。三是越南目前主要以政府网站为载体开展电子政务，而中国随着网络新媒介的发展，已经通过微信、微博、政务客户端开始推进移动电子政务，方便群众随时随地了解信息、参与互动、办理事务，利用和挖掘大数据资源实现服务升级。四是越南电子政务的人才储备极度缺乏，相对而言，中国则建立比较好的电子政务人才梯队。因此，在电子政务发展指数的国际排名上，两国之间有 20 余名的差距。这种差异从根本上反映出了中越两国电子政务发展水平的不同。在实践影响上，使得中国党和政府能够更好地利用互联网汇集民智民意，提高行政效能、降低行政成本，压缩腐败和自由裁量权的空间，实现全心全意为人民服务的根本宗旨。

---

① 新华网：《马朝旭就李克强出访、海地维和部队、谷歌等答问》，http：//news. xinhua-net. com/world/2010－01/21/content_ 12852116. htm，2010－01－21.

第6章 中国越南互联网治理效果比较

效果，是指某种因素和条件造成的结果。互联网治理效果即通过互联网治理所产生的结果和影响，是对互联网治理理念、模式、策略的后续反应和作用呈现。本章在归纳总结中国越南互联网治理效果的基础上，系统比较分析两国的异同。

6.1 中国互联网治理效果

在党和政府的高度关注重视下，中国经过20余年的探索，走出了一条互联网治理的"中国道路"，形成了一套互联网治理的"中国模式"和"中国经验"，尽管该模式还在随着实践的发展不断健全完善，但是依然产生了积极的国内影响和效果，在国际社会初步发挥了示范效应。

6.1.1 网民思想行为日趋成熟

中国作为世界网民第一大国，拥有7亿多网民，占全国总人口的半数以上。作为网络社会的最基本元素，网民的行为是互联网治理的对象，而网民本身又是互联网治理的参与者，这是多元治理的题中应有之义。因此，网民的思想、素质和行为在很大程度上决定了互联网治理的效果乃至成败。近年来，在中国互联网治理实践中把网民作为治理的重点对象和参与治理的主要因素，对网民做了大量的教育规范、管理引导和惩戒警示工作，大大提高了网民思想认识，规范了网民的上网行为，形成了健康上网的舆论氛围，有力地促进了互联网治理目标的实现。主要表现在：

第一，网民的健康上网意识和行为有了较大提高。网民的网络意识和行为是一个国家互联网发展程度的直接体现。一般而言，网络社会比较成熟的国家，网民的网络意识理性健康，安全防范意识较强，网络行为较为文明，网络暴力比较少见。习近平总书记强调，要大力加强全党全社会网络安全意识，发动全社会力量积极参与维护网络安全，不断形成健康上网习惯，人人争做"中国好网民"。2015年以来，中国互联网治理有关部门举办了"中国好网民"系列活动，充分发挥网络文化塑造和教育活动在互联网社会治理中滋养人心、凝聚力量的正激励功能。中国党和政府通过倡导文明健康的新时期互联网生活方式，扎实培育崇德向善的网络行为习惯，积极弘扬网上正能量。经过不遗余力的教育、引导和规范，中国网民的思想素质和行为模式发生了比较大的改观，网络不文明行为正在逐渐减少。2016年11月，《中国网民网络素养研究报告(2016)》由互联网巨头腾讯公司发布。《报告》指出，由于受到网络素养教育的影响，目前在中国超过97%的网民十分关注网络安全信息，57.4%的网民会积极举报网上不良信息和账号。超过七成的网民积极支持互联网法制化建设以保护自身权益，超过五成的网民认为互联网法制化建设能够有效打击互联网犯罪行为。86.7%的网民认为积极维护网络安全和网络秩序是网民"应有的责任"，应当"从自身做起"。在青少年网民中，愿意接受互联网安全教育近七成，主动投诉、举报互联网不良信息的近六成，青少年的互联网行为正在日趋理性和成熟。①

第二，民众高度认可党和政府的互联网治理举措。近年来，尤其是党的十八大以来，中国在互联网治理领域下大力气、出新招数，在加强制度建设的同时，对不良互联网行为进行有力整治，着力清朗网络舆论空间。对党和政府的

---

① 新华网：《腾讯发布首份中国网民网络素养研究报告》，http：//news. xinhuanet. com/itown/2016－11/18/c_ 135839942. htm？ winzoom＝1，2016－11－18。

这些互联网治理举措，民众是否拥护和认可，直接关系到治理的成败。如果没有广大民众的拥护，互联网治理难以进行下去；如果没有广大民众的认可，就难以证明互联网治理产生了效果。事实证明，中国党和政府的行动受到了绝大部分民众的支持和肯定。2015年1月，零点调查公司进行了十八大之后中国国内网络生态环境和网络文化状况进行抽样调查。调查结果表明：网民对党的十八大以来网络环境的积极显著变化给予充分肯定。其中，认为"互联网正能量不断激发、互联网秩序更加规范、互联网舆论持续好转"的网民占八成以上；认为"网络有害信息减少、侵权行为收敛"占绝大多数；表示"积极支持政府的'清网行动'"的网民超过九成；"对中国互联网的规范发展信心满满"的网民也超过九成。①

第三，众多网民积极主动参与互联网治理行动。中国网民不仅仅是被动的互联网治理主要对象，同时也积极主动投身到互联网治理中来，成为重要的参与者甚至推动力量，这样才能逐渐形成网络治理的新秩序。如何有效组织网民参与，让每一个人都能成为网络安全参与者，是推动国家治理体系和治理能力升级的重大研究课题。网民法治意识越高，网络谣言传播就越难；网民维权意识越强，网络谣言就越没有藏身之地。② 近几年，一方面随着移动互联网发展和各种新技术的出现，跨境网络犯罪等新情况新问题层出不穷，单纯靠政府部门力量应对显得力不从心；另一方互联网治理部门大力倡导和鼓励网民举报，搭建互联网举报平台，形成相关的工作机制，广大网民参与互联网治理的积极性被充分调动起来，维权意识被逐渐激发。为数不少的网民积极主动作为，对有偿删帖、网络敲诈、网络暴力、网络谣言等互联网有害行为积极举报，初步形成全民治理互联网的健康向上局面，有效地促进了互联网治理的社会化和法治化。《中华人民共和国网络安全法》也保障了通过网络举报参与互联网治理的公民权利。《网络安全法》明确指出，一方面，举报危害互联网安全行为是公民享有的权利所在；另一方面，受理、处置公民的相关举报是政府部门的义不容

---

① 新华网：《民调：党的十八大以来网络生态环境变化调查核心数据》，http：//news. xinhuanet. com/politics/2015 – 02/27/c_ 1114460538. htm，2015 – 02 – 27。

② 朱巍：《网民应成治理网络谣言主力军》，《光明日报》，2013年8月29日第2版。

辞的责任。

6.1.2　互联网技术水平大幅跃升

提升互联网技术水平是互联网发展的基础条件，也是互联网治理的重要内容。针对中国互联网发展"大而不强"的阶段性特点，中国党和政府提出"网络强国"的目标，互联网技术发展水平很大程度上决定了网络强国目标能否实现。因为，互联网技术水平是成为网络强国的关键性指标之一，没有一流的互联网技术难以成为网络强国屹立于世界互联网之林。通过大力发展互联网技术和互联网产业，近年来中国的互联网技术水平有了突飞猛进的发展，逐步摆脱了互联网"后发"国家的落后状态，向着国际互联网更高水平和层次迈进。

第一，从互联网核心技术研发升级来看，创新能力明显增强，核心竞争力大大提高，在国际相关领域取得一定比较优势，不断实现了对本国互联网"命门"的掌握。中国电子信息行业联合会编写的《2015 年电子信息行业运行情况报告》显示，"十二五"期间中国电子信息产业取得了发明专利年均增速超过两成的骄人成绩。2015 年统计显示，百家互联网重点企业科研创新投入强度达6% 以上，整个产业平均研发投入强度接近 3%。中国电子信息产业研发创新能力不断提升，在包括北斗导航、移动通信、高性能计算等在内的多个领域取得世界瞩目的成绩，"缺芯少屏"局面得到一定程度的扭转，产业体系逐步优化与完善。① 中国政府和企业能够抓住机遇，占得先机，积极布局，在大数据、新一代通信技术、可穿戴设备等互联网新兴技术领域取得了初步成效。

第二，从互联网硬件建设升级来看，投资建设的力度持续加大，基础设施更新换代的速度加快，为互联网持续快速发展和经济社会运行提供了稳固强大的物质基础保证。近年来，中国政府拓展带宽、提高网速，扩大通信管网、无线基站、各级机房等设施的覆盖面，有力地促进了互联互通。中国加速实施"宽带中国"战略，推进互联网基础设施建设的"最后一公里"，已经建成了全

---

① 国家统计联网直报门户网站：《2015 年电子信息行业运行情况报告》，http：//www. lwzb. cn/pub/gjtjlwzb/sjyfx/201605/t20160525_ 2791. html，2016 - 05 - 25。

球最大的 4G 网络，到 2020 年宽带设施将基本覆盖所有行政村。根据规划，中国将在"十三五"期间投资 2 万亿元以上用于互联网基础设施建设，重点建设光纤、高速宽带、云计算中心，进一步加快信息高速公路发展。

第三，从互联网技术成果社会运用来看，普及率和渗透性达到相当规模，对经济社会发展的助推作用更为直接，信息科技的转化效应更加显著。如前所述，到 2017 年 6 月，中国的网民人数占总人口的 54.3%，90 后的新生代网民总人数则达到 3.5 亿，超过美国人口。互联网对中国民众衣食住行的渗透和影响日益加深。世界经济论坛 2016 年《全球信息技术报告》显示，中国的"网络就绪指数"[1] 位列世界第 59 位，在"金砖国家"中仅次于俄罗斯，领先南非、巴西和印度。中国的互联网技术对经济发展、社会进步、文化繁荣的助推作用和影响力度得到显著提升，在发展中国家中处于相当靠前的位置，甚至领先某些欧美高收入经济体。

6.1.3 网络安全环境有力改善

如前所述，中国是世界上受到黑客攻击最多的国家之一，加上西方国家网络意识形态渗透的影响，面临比较大的网络安全隐患。中国党和政府将网络安全作为互联网治理中的核心问题加以关注，把网络安全与政治安全、经济安全、国土安全、社会安全一起列为国家安全需要"突出抓好"的方面，强调"要筑牢网络安全防线，提高网络安全保障水平，确保大数据安全，实现全天候全方位感知和有效防护"[2]。总体来看，中国的网络安全环境得到了有力改善。

第一，各行为主体的网络安全意识有了较大提升。中国党和政府已经充分认识到了网络安全对党的执政和国家治理带来的重大影响，党和国家领导人在不同的场合发表了对网络安全的关切，也主导了互联网治理的重点和方向。通过宣传教育和切身感受，中国网民的网络安全防范意识日益增强，技术水平不

---

[1] 网络就绪指数（Networked Readiness Index）主要衡量 ICT（Information Communications Technology）技术推动社会经济发展的成效。简单说，就是信息通信技术发展水平。

[2] 新华网：《习近平主持召开国家安全工作座谈会》，http://news.xinhuanet.com/politics/2017-02/17/c_1120486809.htm，2017-02-17。

断提高，对网络信息舆论的政治敏锐性和政治鉴别力有所改善，并积极投身到网络安全治理中来。中国的企业不断完善网络安全规范，提高企业内部网络安全技术，最大限度地保证网络运行安全和商业秘密维护。社会组织尤其是互联网相关社会组织在互联网治理中的作用逐渐彰显，起到了重要的教育引导作用，有力地普及了网络安全知识，提升了民众的网络安全意识。

第二，网络安全体制机制日益完善成熟发挥作用。在中央层次，形成了中央网络安全和信息化领导小组的领导架构，全面负责网络安全工作的谋划、统筹、推进，对过去分散治理力量进行了有效整合。在地方层次，各级党委政府也仿照中央的架构，成立了各个层级的网络安全和信息化领导小组，实现了网络安全治理机构的行政层级全覆盖，建立了纵向的、体系化的工作机构。同时，各级政府和有关部门形成了包括网络安全管理机制、舆情引导机制、应急处置机制、监督检查机制、考核问责机制等在内比较健全的工作机制，为深入做好互联网安全工作提供了比较完备和扎实的制度保障。网络信息化工作和互联网安全问题目前已经成为中国各级党委政府非常关注的议题，各级主要党政领导都在不遗余力地做好这项牵扯面广、影响力大、敏感性强的工作。

第三，网络安全技术支撑得到进一步巩固提高。如前所述，信息技术落后将使得网络安全处处受制于人。流氓软件、木马病毒、钓鱼网站、手机端病毒等网络病毒是中国最为常见的网络安全隐患。经过近年来的国家重视、科研投入和企业创新，中国正在逐步补齐网络安全的技术短板，从网络安全的落后国转变为网络安全的赶超国和创新国，甚至在某些核心技术领域，实现了关键性的突破。例如，中国的 360 公司打破既有模式，创新了免费安全模式，在全球处于安全软件尤其是正版安全软件使用的领先地位。目前，中国的正版安全软件普及率几乎接近 100%，而美国只有不到 50%。又如，中国警方日益重视开发和运用大数据资源提升维护安全能力，侦办网络安全案件，打击网络犯罪。2015 年，中国将"网络空间安全"确定为一级学科，政府、企业、高校联合起来成立数个网络安全研究院，加大培养网络安全人才的力度，为不断实现互联网安全技术水平发展升级提供强有力的人力资源保障。

第四，在网络安全的国际博弈中逐渐争取主动权。中国利用互联网治理国际论坛等各种场合，与西方国家尤其是美国的网络霸权进行斗争，深入揭露"棱镜事件"所凸显的美国网络霸权威胁。积极支持发展中国家普遍的互联网权益诉求，要求互联网名称与数字地址分配机构等国际组织摆脱美国的控制，在联合国的框架下实现互联网全球治理的民主和平等。通过中国的呼吁和倡议，揭露了美国主张"网络自由"的真面目，一定程度上使美国明目张胆的网络霸权行径得到收敛，撼动了美国完全主宰国际互联网治理的格局，为建立国际互联网治理新秩序打下基础，维护了广大发展中国家的网络安全利益。同时，也团结了世界上为数不少深受网络安全隐患困扰的国家共同探索互联网安全治理之道，在国际交流合作中进一步提升了国家话语权和国家形象，增强了国家维护网络安全的硬实力和软实力。

6.1.4 经济社会效益不断彰显

作为新科技革命的重要成果，互联网绝不仅仅是一项技术产品，其综合效应"外溢"到经济社会领域，将产生翻天覆地的革命性变化。中国接入国际互联网的 20 余年就是深刻体验这一革命性变化的历史时期。近年来，互联网发展在中国经济社会发展历程中打下了深刻的烙印，尤其是"互联网＋行动计划"的实施，从国家层面对互联网与经济社会发展融合做了整体规划和方向指导，通过互联网发展，使其创新成果逐渐渗透并深度融合到实体经济、社会运转的方方面面，激活国家经济组织、社会组织的创新力、适应性，形成更能适应全球化发展的、更为先进的经济社会发展形态。[①]

第一，促进了经济发展效率提高、质量升级。制造业、农业、能源、环保等产业与互联网深度融合之后，往往能够出现生产率提升和产业转型升级的积极效果，同时产生一系列"互联网＋"环境下的新生产模式、新商业模式和新治理模式。基于互联网的新兴业态不断涌现，互联网经济蓬勃发展，全球互联网公司十强，中国占了 4 家（阿里巴巴、腾讯、百度、京东），有力地推动了国

---

① 中华人民共和国国务院网站：《国务院关于积极推进"互联网＋"行动的指导意见》，http：//www. gov. cn/zhengce/content/2015 – 07/04/content_ 10002. htm，2015 – 07 – 04。

内国际的网络经济发展和信息技术升级，提高了生产效率，降低了交易成本。电子商务、互联网金融等的迅速崛起对经济增长的贡献率不断提升，互联网直接关联产业对 GDP 贡献率超过 7%。2016 年上半年，中国电子商务交易规模突破 10 万亿大关，再创历史新高。电商等新经济形态在多个方面改变了传统就业模式，从中涌现出大量新职业，创造出大量的就业机会与岗位。

第二，促进了社会服务便利快捷、受惠大众。教育、医疗、环保、交通等民生服务领域一旦"触网"，往往能后带来更加个性和多元化的公共产品和全新服务，通过互联网途径，线上线下充分互动交流，精准定位需求，产生高质量供给，足不出户就能够更好地满足民众的政治经济文化利益诉求。中国的电子政务水平不断提升，已经处于世界中上游水平和发展中国家的前列。社会服务资源配置不断优化，互联网的推广打破了某些领域社会公共资源分配不均衡的状况，远程教育、远程会诊、远程扶贫等互联网项目进一步向欠发达地区和弱势群体倾斜。广大民众享受优质社会资源和公共产品的机会大大增加，公平性和共享性不断提升，获得感和受惠感不断增强。

第三，促进了基础支撑牢固稳定、安全厚实。科学技术是第一生产力，毫不夸张地讲，信息科技是当今时代第一生产力中的最前沿最尖端的领域之一。经过多年发展，中国的互联网产业基础尤其是硬件设施装备不断巩固升级，有力地保障了相关领域发展的安全性和稳定性。信息技术对经济、政治、文化、社会和生态文明建设的技术支持作用不断凸显，成为支撑国家治理体系和治理能力现代化的重要物质装备保障。中国的新一代移动通信网、下一代互联网和固定宽带网络实现突破性进展，物联网、大数据、云计算等的建设装备和实际运用更加成熟完善，人工智能等领域新技术新应用能够与世界最先进国家相媲美，进一步助推了中国向"工业强国"转型升级，为实现"两个一百年"战略目标打下必要而又关键的信息科技基础。

第四，促进了发展环境开放包容、文明和谐。伴随着互联网的发展和治理进程不断深化，全党全社会更加重视互联网与经济社会发展的融合创新，大力破除互联网发展的思想认识和体制机制制约因素。党和政府在互联网治理上更加成熟自信，手段更加多样灵活。互联网发展的法治保障进一步成熟完善，公共数据资源开放在全社会获得共识，并逐步完善法律法规体系，提供法治保障；树立行业标准规范，提供基本操作遵循；建立社会信用体系，进行社会道德约束。这些积极变化降低经济社会发展的交易成本，注入经济社会发展的全新动能。同时，通过互联网平台反映民意、汇集民智、消除谣言、凝聚人心，一定程度上实现了互联网的意识形态建构功能和社会安全阀作用。

6.2 越南互联网治理效果

越南党和政府在尊重本国国情基础上，克服后发劣势、力求"弯道超车"，不断探索互联网治理恰当的模式和方法。同时，积极借鉴包括中国在内的其他国家互联网治理成功经验，走出了一条独特的互联网治理道路。尽管依然面临较多的问题和压力，但是总体来看取得了一定的成绩，在国际社会产生影响、受到关注。

6.2.1 互联网技术进步速度加快

越南党和政府清醒地认识到越南互联网技术水平与世界先进水平之间的差距和由此带来的网络安全风险和经济发展短板，将加快发展互联网技术作为互联网治理的重要任务来抓紧和落实，充分利用越南具备的自身条件和比较优势，取得互联网技术发展上的加速度。

第一，越南加速互联网技术发展的政策措施成效显著。越南劳动力素质较好，技能较高，成本又低于中国。这些因素构成了越南的吸引力和比较优势。10余年来，越南是三星、LG电子、松下、东芝等韩国和日本电子产品制造商的生产中心。而今，越南正逐步从电子零件和设备生产基地向更高层次的信息产业研发中心转型，有望从备受全球关注的制造业中心，转型升级成为世界瞩目的"东南亚硅谷"。韩国、日本、美国和一些欧洲国家正在将越南作为"中国 +

1"的选项①，以越南作为中国的替代国，以避免在贸易发展和跨国投资上过于依赖中国。因此，上述国家在近几年已从中国转移部分投资项目到越南，这对越南的发展极其有利。在2014年6月举行的信息技术应用国家委员会首次会议上，批准了国家单位可以租用信息技术服务，加强市场竞争力，鼓励更多的信息企业发展和提供信息技术服务。② 越南在可获得信贷资金的项目表中，补充加入了涉及软件生产、数字、电子硬件和信息技术服务的投资项目。修改税收政策，为发展信息产业提供极为吸引人的税收优惠，成立信息技术人力资源开发基金和信息技术工业发展基金。③ 同时，越南政府全面大力推动年轻人创业，形成了一个创业浪潮，特别是在通信技术领域效果对年轻人的创业激发显著。《2016安利全球创业报告》显示，越南年轻人的互联网创业指数已经超过中国。为数不少的越南信息技术公司成立，有的越南企业则在美国硅谷取得成功，走向世界。

第二，越南多项互联网技术发展成果位居发展中国家前列。2014年，越南的".vn"域名注册数为28.6万个，在东盟各国国家域名中位居第一。越南共有约1563万个IPv4地址，位居东盟第2、亚洲第8、全球第26。同时，越南正在推进IPv6地址的部署。④ 越南《高技术法》规定IPv6相关设备和软件的研究、生产和进口可获得优惠与支持。按照越南信息通信部的行动计划，越南IPv6的引入阶段于2015年完成，IPv6转换阶段为2016—2019年，⑤ 据称越南

---

① 中华人民共和国驻胡志明市总领事馆经济商务室网站：《外媒称越南有机会成为东南亚的硅谷》，http://hochiminh.mofcom.gov.cn/article/jmxw/201702/20170202517101.shtml，2017-02-25。

② 越南人民军队网：《2014年越南信息技术与传媒十大事件揭晓》，http://cn.qdnd.vn/webcn/zh-cn/120/364/377/339318.html，2017-04-23。

③ 中国经济网：《越南计划加快发展信息技术产业》，http://intl.ce.cn/specials/zxgjzh/201207/11/t20120711_23479576.shtml，2012-07-11。

④ 中华人民共和国驻胡志明市总领事馆经济商务室网站：《越南国家域名数在东盟位居第一》，http://hochiminh.mofcom.gov.cn/article/jmxw/201412/20141200825164.shtml，2014-12-08。

⑤ 中华人民共和国驻胡志明市总领事馆经济商务室网站：《越南大多数互联网服务提供商已连接IPv6网络》，http://hochiminh.mofcom.gov.cn/article/jmxw/201405/20140500581030.shtml，2014-05-05。

IPv6 用户已经超过中国①。同时，越南注重投资发展用于国家机关企业和社会的软件产品，特别是大型软件；重点投资发展应用于移动网、英特网的软件，开发各种产品和解决方案；开发越南品牌数字内容产品；开发服务于国家机关、教育、农业、农村的产品；开发移互联网产品以及网上搜寻和服务工具。投资研究、设计、制造、生产各种硬件产品，集中发展越南有优势或者因为安全需求的系统，开发超微电路产品、电子产品、半导体产品；发展硬件和电子领域的辅助工业；投资发展重点信息技术工业产品、安全通信产品，以及服务于国家、安全、国防信息系统的信息技术工业产品。②

6.2.2 互联网产业发展引人注目

越南党和政府善于抓住机遇，获取信息全球化和互联网技术发展的经济红利，利用人口规模创造的国内市场和周边国家产业转移的便利时机，大力发展互联网产业，取得了发展中国家中令人瞩目的经济成绩，成为越南互联网治理的亮点之一。

第一，互联网产业规模迅速扩大。进入 21 世纪，越南党和政府把发展互联网产业作为新的经济增长点和提升国家科技水平的关键动力，提出建设"信息技术强国"和信息产业大国的战略目标。尤其是 2006 年加入 WTO 之后，越南经济增幅进一步加大，2004—2008 年 GDP 年均增长 8%，2009、2010 两年在越南抑制通胀时期，经济增长也分别达到 6.23% 和 6.78%，快速的经济发展需要信息产业的迅速发展与之配合。与此同时越南的电子政务、电子商务发展，以及年轻人这一新的消费群体的崛起，都极大地促进了越南的信息产业的成长。越南政府为了鼓励互联网产业的发展，在基础设施和软硬件方面投入巨大的人力物力。2011 年前后，越南有 25 个科技园与工业园区，如胡志明市高科技园区。国家不遗余力地给予政策支持和国家投入，相关文件规定互联网企业从第

---

① 中国新闻网：《中国 IPv6 用户仅千分之三落后于印度和越南》，http：//www. chinanews. com/it/2016/11 – 14/8062674. shtml，2016 – 11 – 14。

② 中国日报网：《越南未来 10 年着力打造信息技术工业》，http：//www. chinadaily. com. cn/hqgj/jryw/2015 – 03 – 27/content_ 13451172. html，2015 – 03 – 27。

一年盈利起，连续4年免征企业所得税，9年内减半征缴企业所得税①，企业所得设备在国内无法获得的，可在国外进口免征关税，政府同时帮助改善工业园区附近的基础设施条件，赞助企业上网费等等，在一系列的优惠政策下以及廉价的劳力的支持下，世界上大批优秀的互联网企业巨头被越南吸引，纷纷在越投资建厂。海外资本的进入给越南发展互联网产业提供了必要的资金保障，再加上中国等周边国家的互联网产业转移的良好时机，越南互联网产业发展的内外条件得天独厚。自2000年以来越南互联网产业快速发展，年均增长20%—25%，逐渐步入发展的快车道。同时，越南本土的几大互联网企业技术水平和管理质量有效提升，实现转型升级，不断扩大国内市场份额，并且开始进军海外市场，向其他发展中国家进行投资和技术转移。

第二，互联网产业红利不断释放。伴随着互联网技术和互联网产业的发展，其综合经济社会效益不断显现，为越南经济发展和人民生活水平提高作出不可忽视的贡献。到2014年，越南有公共电信企业24家，电信服务企业100多家，互联网技术产业营收逾270亿美元。② 随着互联网技术的快速发展，使用互联网的人数快速稳定增长，尤其是移动互联网的普及，逐步改变越南民众尤其是年轻一代的购物习惯，使用智能移动设备在线购物成为他们越来越喜欢的购物方式。2015年，越南电子商务营业额为40.7亿美元，同比增长37%，占社会零售总额的2.8%，尽管与中国、韩国、印度相比微不足道，但是纵向比较成绩依然抢眼，市场潜力巨大。因此，实现越南政府总理批准通过的到2020年实现电子商务营业额100亿美元的目标并不难。③ 除了电子商务，越南的互联网金融发展迅速，网上报税、网上缴费、网上学习等各种互联网服务项目不断出现，降低了社会交易成本，方便了人民的生产生活，实现了全新的互联网思维变革，获

---

① 和讯科技网：《浅谈越南IT产业快速崛起原因》，http://tech.hexun.com/2011-07-20/131596124.html，2011-07-20。

② 中华人民共和国商务部网站：《2014年越南信息技术产业营收逾270亿美元》，http://www.mofcom.gov.cn/article/i/jyjl/j/201412/20141200851583.shtml，2014-12-08。

③ 中华人民共和国驻胡志明市总领事馆经济商务室网站：《2020年越南电子商务营业额目标为100亿美元》，http://hochiminh.mofcom.gov.cn/article/jmxw/201610/20161001538658.shtml，2016-10-01。

得了越来越多人的青睐和支持。

6.2.3　网络社会治理喜忧参半

越南从一个落后的农业国向工业国转变的过程中，一方面要加快发展信息技术和信息产业，为国家现代化注入活力和动力，另一方面要管理好日益增加的网民人数和网络行为，摆脱传统的治理套路，实现与时俱进的治理变革。在国际国内环境风云变幻的情况下，越南党和政府面临虚拟社会治理的较大压力。现实来看，近些年来越南既取得了比较显著的成绩，又不断凸显了复杂的问题。

第一，形成了较为符合国情的互联网治理模式。作为一个互联网"后发"国家，为了推进信息科技发展、维护国家网络安全，越南只能采取政府主导型的互联网治理模式。尽管这一点经常被西方国家称为"管制"和"妨碍网络自由"，但是其历史合理性和现实必然性对一个发展中的社会主义国家而言是无可辩驳的。在此基础上，越南实现了信息科技的长足进步和信息产业的蓬勃发展，成效有目共睹。近年来，除了强化政府主导之外，越南日益重视互联网治理的法律法规建设，不断完善互联网治理的制度体系和制度之间的衔接，为实现良性治理提供了更好的制度保障。同时，在越南互联网企业做大做强的背景下，越来越多的企业、社会组织和网民参与到互联网治理中来，与党和政府的良性互动格局正在逐渐形成。因此，可以说越南20年的互联网治理实践是比较成功的，也是符合越南基本国情和社会发展的，互联网治理的基本面值得肯定。

第二，互联网治理的隐患依然较多较大，建设"安全健康的信息社会"任务依然艰巨，对越南政局产生的作用甚为复杂敏感。尽管越南党和政府高度重视互联网的宣传思想功能，不遗余力地治理网络舆论，不惜冒着国际舆论谴责的风险在2013年发布72号政府令加强网络信息整顿，但是在越南经济社会快速发展转型和海外政治势力渗透的情况下，越南的网络空间依然乱象丛生，主流舆论处于比较被动的状态。在2015年越南国会选举前后和2016年越共十二大召开前后，互联网上都出现了一股反对越共、支持"宪政民主"的声浪，产生极为不利的舆论局面，影响了越共的执政形象。而目前越南政府的尴尬之处在于，"传统的行政管理措施将不再符合互联网上的社交网络管理"，在互联网治理理念、模式和策略上还有较大的提升空间，而单纯的技术手段治理又不能满足网络社会迅速发展的现实需要，越南党和政府需要有力应对互联网"井喷式"发展与维护党的领导和国家政权稳定之间的张力，建设"安全健康的信息社会"依然任重道远。

第三，互联网治理的基础与世界先进水平相比还有相当距离。虽然越南信息科技发展较为迅速，甚至某些领域在发展中国家中处于较为领先的位置，但是整体来看互联网基础设施建设水平与经济社会发展速度不相称，一定程度上制约了越南互联网的迅猛发展和有效治理，与东盟发达经济体相比也有一定距离。同时，作为一个传统的农业大国，虽然总人口将近1亿，但是农业人口占有较大比例，教育资源相对匮乏，国民受教育程度整体不高，传统观念束缚比较明显，尽管采取了大学培养、国际交流等一系列措施加强信息人才队伍建设，短期来看信息技术人才也呈现出青黄不接的局面，人力资源瓶颈比较突出。

6.2.4 文明网络行为亟待塑造

互联网对越南人民而言是一个新生事物，它打破了信息垄断和封锁，赋予网民获取信息、传递信息、组织动员的巨大力量。这对于原本生活在社会管理比较严格的条件下的越南网民而言，无疑提供了巨大的诉求表达、情感宣泄和个性张扬的机会。其结果是，一方面有利于加强党和政府与网民之间的联系互动，及时获取社情民意，调整政策措施；另一方面在网民素质普遍不高和健康的网络行为尚未完全形成的背景下，则带来巨大的舆论风险和政治风险。

第一，非理性网络行为带来政治隐患。互联网具有政治表达和动员的重要功能，几乎所有国家都允许民众通过正当的渠道和途径进行网络表达，这本是网络社会给政府和民众带来的便利之一，也是一个国家民主和文明的标志。但是目前越南发生的情况却恰恰相反，由于网络快速发展和网民素质较低的巨大反差，使得非理性的网络政治行为处于易发多发的态势。主要体现为利用网络权力对抗党和国家权力，利用网络舆论场对抗党和政府舆论场，利用网络组织动员对抗党和政府组织动员，其中夹杂着宣泄、扭曲等诸多情感因素和非正当的政治目的。例如，越南网民善于利用互联网表达利益诉求，形成各种网络请愿团体，发起网络请愿活动，涉及到宪法修改、环境保护、人权维护等诸多敏感领域，对执政党和政府进行施压，形成日益增大的社会政治影响。又如，一部分对越共执政不满的网民利用机会抹黑越南党和国家领导人，攻击越共的执政地位和历史功绩，制造负面舆论，影响政局发展。还有一些网络大 V 在敏感事件时间点上利用互联网煽风点火、混淆视听、误导舆论，对国家决策和政策实行带来较大阻碍，产生较大干扰。越南著名异见人士阮丹桂呼吁在越南进行类似中东的"颜色革命"，安全部门查获其电脑中储存了 6 万多份煽动颠覆党和政府的文件，经由互联网传播给越南年轻人。[①] 因此，越南党和政府已经将网络政治行为作为重要的政治问题加以对待，其重要性和紧迫性不言而喻。尤其是越南进入中等收入国家行列和经济社会转型的关键时期，非理性网络行为带来的政治隐患决不可小觑。

　　第二，不文明网络行为产生社会问题。互联网在便利民众生产生活的同时，也催生了一些不文明网络行为和违法犯罪行为，对社会秩序产生负面影响。主要是利用互联网牟利的经济冲动超越了法律法规底线以及通过互联网满足畸形身心刺激的需要压倒了社会公序良俗。例如，一些越南青少年沉溺于网络游戏不能自拔，严重影响了学习和身心成长，成为比较典型的青少年社会问题，在越南国内产生强烈的反响。一些网吧经营者为了牟利，将网吧开在距离学校很近的位置，吸引低龄学生消费，干扰正常的教学秩序，被越南政府三令五申整治。一些人将淫秽色情图片和视频在网络上传播，非法谋取经济利益，践踏国家法律底线。一些互联网供应商和软件开发商为了迎合低级趣味，开发推广某些社交软件，一些网民则利用这些软件，寻找性伙伴，发生性行为，结果导致了艾滋病和性病发病率上升，威胁了国家的卫生安全。这些不文明甚至违法网络行为虽然不至于动摇党的领导和国家政权，但是却恶化了社会风气，败坏了社会道德，滋生了社会问题，长远来看对越南经济社会持续健康发展有百害而无一利。尽管越南党和政府花了大力气进行治理，但是要形成整个社会不文明

---

　　① 　陈元中、周岑银：《越南社会主义民主建设的成就、经验与困境》，《当代世界与社会主义》，2012 年第 5 期。

网络行为根本好转的局面依然压力巨大，任务艰巨。

6.3 中越互联网治理效果的共性与差异

对比发现，中越互联网治理效果既有共性，也有差异。总体来看，两国在治理效果的纵向比较上来看都取得了不小成绩、进展较大，尤其是在经济成效和技术成效上共同点居多，在治理的政治成效方面存在差异性和不同点。

6.3.1 效果的共性

第一，中越均形成了符合本国国情的互联网治理模式。如前所述，中越两国在互联网治理的探索中一方面善于借鉴发达国家的经验，通过吸收转化，为我所用；另一方面绝不屈从于国际压力，坚决选择一条符合本国国情的独立自主的互联网治理之路。英美等发达国家多采取行业协会自律的互联网治理模式，政府一般不直接介入互联网治理中，其主导作用不突出，更少采取强制性的措施，而是依靠互联网企业、社会组织和网民形成的契约和共识来维护互联网的健康运行。这是符合西方发达基本国情和社会实际的理性选择，可以最大限度发挥社会力量的作用，有利于实现互联网的善治。但是，就中越两国而言，这种西方模式比较超前，脱离了两国经济社会发展实际情况和社会主义国家基本国情。一旦照搬照抄，会带来信息产业发展缓慢、信息安全保障不力等诸多问题，甚至会危及党的领导和国家政权安全，绝非明智的选择。相反，作为网络世界的"后来者"，中越充分发挥党和政府的强大力量和关键角色，强势推进信息化建设，大力发展信息产业，同时加强对网络社会的管理和规制，不屈从西方国家所谓的"网络自由"压力，可以最大限度地实现经济社会利益与国家政权安全的双赢。因此，中越两国基于上述因素的考量，共同选择了政府主导型的互联网治理思路，并且伴随着经济发展和社会进步，逐渐向可控的多元治理方向转型升级。这在实践上是较为可取的，在步骤上是顺序得当的，在方向上也是比较正确的。

　　第二，中越均有力维护了国家网络主权和信息安全。在互联网治理中，信息安全、网络主权是底线和红线，一步也不能失守。如前所述，在这个问题上中越两国党和政府形成了高度的共识，两国互联网治理的理念、模式、策略也都是基于此确立的。结果来看，中越均有力地维护了国家网络主权和信息安全，取得了比较显著的进步。中国执政党建立了网络安全和信息化领导小组，整合网络安全机构，进行全方位综合治理，互联网舆论局面明显改善，网络安全态势发生较大改观。越南则成立了政府总理领衔的国家信息技术委员会，加大治理的力度，同时建立公安部信息安全局等机构从事网络安全工作，坚决打击网络不良信息舆论。当然，单纯从信息科技发展水平来看，中越两国与信息技术强国相比还有一定距离，尤其是越南的信息科技核心竞争力还比较弱。但是，中越两国对网络安全治理的高度重视和持续动作，在很大程度上防范和遏制了严重网络安全事件的发生，对美国等西方国家网络渗透、信息监控的揭露和反制，则积极维护了网络主权和国家安全。总之，网络安全治理绝不是一项毕其功于一役的工作，需要通过长期重视不断发力，才能获得安全形势的根本好转。

　　第三，中越互联网治理在经济社会发展中作用积极。面对网络信息化浪潮，有些发展中国家未能及时抓住机遇实现技术飞跃，长期被"数字鸿沟""信息孤岛"所阻碍，而且与西方发达国家的技术落差越来越大；有些发展中国家未能很好地将互联网发展和治理的经济社会效应充分发挥，导致技术发展与经济社会进步脱节。中越两国则恰恰相反，通过近年来的互联网发展和治理，信息技术的"外溢"效应在中越两国均表现的比较明显，信息技术发展对两国经济社会进步产生了有力的促进作用。如前所述，中国的"互联网＋"行动计划、"宽带中国"战略、"网络强国"目标在不同程度上转化为经济社会发展和转型升级的内动力，助推中国经济社会又好又快发展。越南则通过大力发展信息产业吸引外资、提升技术，成为全球飞速发展的信息产业大国，为本国经济增长贡献了比较突出的份额。现在来看，中越两国比较成功地解决了互联网技术发展、网络安全保障和经济社会发展之间的统筹协调问题，使得网络信息化带来的正效应远远大于负能量，值得互联网后发国家学习和借鉴。

　　第四，中越互联网治理对发展中国家产生了示范作用。中国是世界上最大的发展中国家，经济总量位居世界第二，地位举足轻重。越南将近 1 亿人口，是近些年经济增长速度最快的发展中国家之一，引起世界瞩目。中越作为发展中国家中经济社会发展迅速和国家治理成绩比较优异的国家一向受到关注和重视，成为许多发展中国家学习的样板和追赶的目标。横向来看，发展中国家普遍面临着经济基础薄弱、基础设施缺乏、信息技术落后、教育水平不高等现实问题，如何迎接信息革命浪潮，发展好、治理好互联网，是每个发展中国家绕不过去的问题。而中越作为发展中国家中的"后来居上"者，通过 20 余年的实践较好地回答了发展中国家互联网治理问题。中越积累的互联网治理经验可以被其他发展中国家借鉴，互联网治理问题则可以起到警示作用。中国为全球互联网治理提供了"中国模式""中国方案"，越南则在东盟国家内部以比较优异的成绩起到示范作用。事实证明，中越走过的互联网治理之路某种程度上代表了发展中国家的共性模式，即如何在经济社会技术条件相对落后的基础上实现信息化现代化，其基本路径对发展中国家而言具有典型性和参照性。

6.3.2 效果的差异

第一，越南互联网治理的压力和问题比中国更为突出。如前所述，尽管作为社会主义发展中国家，中越都面临互联网治理的较大压力，尤其是政治意识形态方面问题冲击力强、极为敏感。但是，整体来看中国近几年在最高层的重视下网络政治形势有了比较明显的好转，互联网治理的模式和效果获得执政团队和社会公众较为一致的认同，越南近几年面临的问题则比较艰巨和复杂。一方面，越南曾经出台严格的 72 号法令，要求网民不得在社交媒体上讨论公共政治话题，对网络信息舆论进行管控，遭到国际舆论谴责和国内社会抗议，凸显了越南网络舆论治理遇到的困难和压力，也体现出越南在治理手段上的"简单"和"刻板"。然而另一方面，越南政府出于经济利益和技术发展考量，希望获得全球互联网巨头的好感，允许国外社交媒体（脸谱、推特等）在国内使用，某种程度上留下了政治隐患。一旦发生颜色革命和政局变动风险，很难预估这些西方社交媒体所产生的影响，这在伊朗、埃及等国的遭遇中已经得到了印证，这些社交媒体在敏感时间点上往往充当了实现西方国家政治意图的工具。越南国会选举和越共十二大前后发生较大范围的网络舆论抹黑当局、误导群众、制造事端等问题，足以给越南党和国家领导人敲响警钟。再加上越南的政治革新和民主化步伐速度较快，传统的政治体系和结构正在发生变化，越来越多的政治力量试图利用互联网发挥政治影响力，改变政治格局，获得政治利益，在可以预见的时期内互联网将扮演更加微妙和重要的角色。这些都表明，越南党和政府当前和今后在处理网络政治问题上所面对的环境和掣肘比中国更尖锐和更复杂。

　　第二，越南互联网治理与中国存在"代差"和"时差"。如前所述，越南于1997年正式接入国际互联网，中国则是1994年。从时间上看，两国起步时间点比较接近，但是其整体治理质量和水平还存在比较明显的差异。从技术发展上来看，越南尽管加速度引人注目，但是由于基础比较薄弱，与中国相比尚存在有一定差距，信息安全形势依然比较突出，甚至在中越关系敏感时期一度担心中国对其进行技术控制和信息监控，要求政府机关限制采购中国信息技术产品。中国作为经济、人口、市场体量更大的国家，在经济发展和综合实力提升的基础上信息技术发展更具有比较明显的规模优势，越南无法与之相比。从治理模式来看，中国已经克服的"九龙治水"的问题，向更完善的形式转型升级，执政团队在互联网治理上更加游刃有余。越南则依然处于"多头治理"的阶段，离深度整合和体系成熟尚有一段距离。从治理经验来看，越南存在比较明显的不足和短板，不仅抓住机会向发达国家请教，也经常向中国学习借鉴，将中国经验吸收消化为其所用，甚至诸多互联网治理政策的出台带有明显的"中国印记"和"中国套路"，与中国相比存在"代差"和"时差"。因此，我们可以得出中国的互联网发展水平更高，治理经验更成熟的基本结论。

第7章　中国越南互联网治理异同原因分析

前几章对中国越南互联网治理的理念、模式、策略和效果进行了系统的比较分析，找到了两者之间的共同点和差异处。可以得出这样的结论，中越两国的互联网治理存在"大同"和"小异"。所谓"大同"，即在治理意图、治理模式、治理效果的基本面上相似点较多；所谓"小异"，即在治理技术、治理手段、治理成熟度等具体问题上存在一些差异。本章主要分析这些"大同"和"小异"产生的原因。

7.1　中国越南互联网治理形成共同点的原因

通过比较发现，中国越南互联网治理中存在较多的共同点和相似性。这些共同点和相似性表现为：其一，在治理理念上，中国越南都从维护党的执政地位的高度认识互联网治理问题，都强调互联网的发展与治理并举的战略思路，都将互联网安全问题视为治理的核心问题，都主张在国际合作中实现互联网治理。其二，在治理模式上，中国越南都是政府主导型互联网治理模式，互联网治理都在向多主体协同治理的方向发展，都注重互联网治理过程中的法治建设。其三，在治理策略上，中越在互联网治理中均强调舆论和意识形态工作重要性，均注重实现利益与安全之间的平衡，均面临着技术治理策略的转型升级。其四，在治理效果上，中越均形成了符合本国国情的互联网治理模式，有力维护了国家网络主权和信息安全，互联网治理在经济社会发展中作用积极，互联网治理对发展中国家产生了示范作用。为什么会存在这些共同点和相似性？主要原因在于以下方面。

7.1.1　维护国家政权和意识形态安全政治目标的一致性

中国和越南作为世界上两个重要的现实社会主义国家，是社会主义国家的"领头羊"和世界社会主义运动的重要力量，在西方国家网络战略的压力下，要坚持党的领导和社会主义制度，坚持社会主义意识形态和思想指导，坚决维护国家政权安全和意识形态安全，这决定了两国互联网治理战略具有诸多共同的属性和内容。

第一，坚持共产党的领导是中越两国最核心政治利益。《中国共产党章程》规定，中国共产党是"两个先锋队""一个核心"，既是"中国工人阶级的先锋队"，又是"中国人民和中华民族的先锋队"，是"中国特色社会主义事业的领导核心"①。中国共产党领导中国人民经过 28 年艰苦卓绝的奋斗，推翻了帝国主义、封建主义和官僚资本主义"三座大山"，建立了新中国政权，开辟了中国历史的新时代新纪元。之后又经过近 30 年的曲折探索，终于找到了一条符合中国实际的独特的社会主义发展道路，中华民族又一次焕发了生机与活力。中国形成了"中国共产党的领导是中国特色社会主义最本质的特征"②的政治共识，并且得出这样的政治结论：办好中国的事情，协调推进"四个全面"战略布局，关键在党，关键在加强党的领导。针对一部分人否定党的领导，动摇党的地位，歪曲党的历史，抹黑党的行形象。中国共产党非常明确地认识到，"党的执政地位不是与生俱来的，也不是一劳永逸的"③，必须不遗余力地提高执政意识和忧患意识，增强加强党的执政能力建设的自觉性和坚定性。与中国十分相似，越

---

① 《中国共产党章程》（2017 年中共十九大通过）总纲部分。
② 新华网：《习近平：在庆祝中国共产党成立 95 周年大会上的讲话》，http://news. xin-huanet. com/politics/2016 – 07/01/c_ 1119150660. htm，2016 – 07 – 01。
③ 2004 年 9 月，中共十六届四中全会通过的《中共中央关于加强党的执政能力建设的决定》。

南共产党是"两个先锋队"、"一个忠实代表",既是"越南工人阶级的先锋队",也是"越南劳动人民和越南民族的先锋队",是"工人阶级、劳动人民和民族利益的忠实代表"①。越共领导越南人民浴血奋战,取得了抗日战争、抗法战争和抗美战争的胜利,捍卫了国家主权和民族独立,建立了一个独立自主的社会主义国家。尤其是 1986 年越共六大以来,全面开启革新开放的历程。经过 30 余年的发展,成为世界上经济增长速度最快的国家之一,取得了世界瞩目的发展成就。越共十二大指出,"面对革新道路上遇到的困难和挑战,必须十分注重建设纯洁、强大的党,提高党的领导力和战斗力,建设坚强的政治系统","防止内部出现'自我演变''自我转化',同时进行斗争,挫败一切敌对势力的阴谋破坏活动"②。越共十二大特别强调了"利用网络媒体"对越南进行破坏,煽动"和平演变"危及党的领导问题,万万不可掉以轻心。因此,党的领导是中国越南社会主义事业的核心力量和政治保证,党的领导和执政地位稳固是网络时代两党两国的核心利益关切。如果没有党的领导或者党的执政地位丧失了,中越两国的社会主义就彻底失败了,将重新回到一盘散沙、政治动荡、民生凋敝的局面,苏联的教训殷鉴不远。在互联网治理上,中越两国绝不允许互联网发展对党的领导和执政地位产生影响和冲击,加强党的执政地位和维护国家政权安全成为中越两国共同的战略目标。尤其是要针对质疑和动摇党的领导的网络行为,作出有力回应,党和政府在互联网治理中关键性的角色也因此充分体现出来。

第二,巩固社会主义意识形态是中越两国面临的共同问题。意识形态是指一整套价值体系、分析工具和解释框架,具有重要的政治训导、政治整合和政治动员功能。意识形态和宣传思想工作是中国和越南执政党的政治优势,在革命、建设和改革(革新)过程中发挥了至关重要的作用。在当前,意识形态工作极端重要,意识形态工作出现问题,经济社会发展的成果也会付诸东流,对中越两国而言都是如此。《中国共产党章程》规定:"中国共产党以马克思列宁

① 《越南共产党章程》(2006 年越共十大通过)。
② 《越南共产党第十一届中央委员会在党的第十二次全国代表大会上的政治报告(上)》,《南洋资料译丛》,2016 年第 4 期。

主义、毛泽东思想、邓小平理论、'三个代表'重要思想、科学发展观、习近平新时代中国特色社会主义思想作为自己的行动指南。"① 党的十九大强调，全党要高举中国特色社会主义伟大旗帜，不断坚定"四个自信"。历史一再表明，社会主义信仰和意识形态宣传教育与党的执政和国家发展息息相关。中国共产党指出，"理想信念动摇是最危险的动摇，理想信念滑坡是最危险的滑坡"②。但是，随着经济基础的变化，社会阶层出现多元分化的趋势，社会思想随之多元多样多变，人们思想观念的自由性、选择性、差异性成为不争的事实，主流价值观念和主流意识形态的地位面临了新环境新形势新问题，给意识形态建设带来挑战和压力。在此背景下，中国共产党提出要"巩固马克思主义在意识形态领域的指导地位，巩固全党全国人民团结奋斗的共同思想基础"③。同时强调，因为互联网发展势不可挡，深刻改变着舆论格局和党心民心，发展成为治国理政的重要工具，"要把网上舆论工作作为宣传思想工作的重中之重来抓"④。《越南共产党章程》指出，要以马克思列宁主义和胡志明思想为思想基础和行动指南。越共长期在全社会进行深入的马克思列宁主义（尤其是列宁主义）和胡志明思想宣传教育，为越南取得革新开放的显著成绩打下了坚实的思想基础和政治保证。越共十二大强调，对于越南人民来说，在未来的发展中，继续推进革新开放必须以正确的思想为引导，马列主义和胡志明思想是越南人民获得民族独立和发展的思想基础，社会主义道路是越南人民的必然选择。⑤ 同时提出，"革新过程中，在坚持民族独立和社会主义的基础上，必须发挥主动性，不断创新，创造性地运用和发展马克思列宁主义、胡志明思想，继承和弘扬民族传统，

①　《中国共产党章程》（2017 年中共十九大通过）总纲部分。

②　2016 年 10 月，中共十八届六中全会通过的《关于新形势下党内政治生活的若干准则》。

③　新华网：《习近平在全国宣传思想工作会议上强调胸怀大局把握大势着眼大事　做到因势而谋应势而动顺势而为》，http：//news. xinhuanet. com/mrdx/2013 － 08/21/c _ 132649109. htm，2016 － 08 － 21。

④　新华网：《习近平在全国宣传思想工作会议上强调胸怀大局把握大势着眼大事做到因势而谋应势而动顺势而为》，http：//news. xinhuanet. com/mrdx/2013 － 08/21/c _ 132649109. htm，2016 － 08 － 21。

⑤　关巍：《越共十二大理论动态》，《理论月刊》，2016 年第 3 期。

吸收人类文化的精髓，采用符合越南实际的国际经验。"① 但是，网络时代各种信息泥沙俱下、鱼龙混杂，既有拥护越南社会主义思想的主流舆论宣传，也不乏鼓吹"宪政民主""三权分立"的论调，还有否定越共的历史功绩、抹黑原越共领导人等错误社会思潮。如何在互联网阵地上宣传党的政治主张，抵制错误社会思潮，不断增强马克思列宁主义、胡志明思想的吸引力和感召力，巩固和加强越南全党全民的思想基础和政治认同，越共面临重大的现实考验。基于此，中越两党站在党的长期执政和社会主义兴衰成败的高度重视互联网舆论问题，格外关注互联网的意识形态功能和互联网信息舆论治理，力求通过治理，有效遏制不良政治信息，巩固主流舆论阵地，为党的执政和社会主义事业提供良好的舆论环境和政治共识。

第三，西方国家的互联网战略引起中越两国的高度重视。如前所述，20 世纪八九十年代以来，西方国家在信息革命浪潮中占得先机，获得了无法比拟的先发优势。尤其是美国利用其强大的信息技术资源和条件，形成了其他国家难以望其项背的网络霸权。全球分配互联网域名地址的根服务器共有 13 台，其中美国就拥有 10 台，还包括 1 台主根服务器。冷战结束之后，尽管为数不少的美国政治家和学者认为"历史终结"，西方资本主义赢了制度竞争的"最后胜利"。但是事实证明，以中国越南为代表的社会主义力量蓬勃发展、蒸蒸日上，制度竞争力不断提高。作为社会主义国家的旗帜、代表，中国越南不言自明地进入了美国的战略视野。美国处心积虑地运用互联网"巧实力"来达到暴力和金钱无法征服的目的。针对中国越南等对目标对象国家，美国积极进行政治渗透和制度输出，鼓吹"网络人权"和"网络自由"，抨击中越两国的互联网治理制度和措施，利用互联网话题进行施压，干涉其他国家内政，企图由此实现政权更迭和制度替代，达到美国的战略目标，实现美国的国家利益。例如，针对中国，2011 年前后，美国务院向"全球互联网自由联盟"软件公司拨款 150万美元。该公司由"法轮功"组织设立，重点研发"翻墙"软件，主要开展对

---

① 《越南共产党第十一届中央委员会在党的第十二次全国代表大会上的政治报告（上）》，《南洋资料译丛》，2016 年第 4 期。

中国大陆的互联网信息渗透①。近期，美国驻越南大使奥修斯经常对越南处理互联网异见人士"表示关切"，美国期待通过建立富布赖特大学和推动 TPP 等外交手段"假以时日，改变越南"②。对此，中国越南执政党有着清醒的认识。在互联网发展和治理过程中，两国形成符合党情国情世情的互联网治理模式，一方面最大化利用互联网的经济社会效益，另一方面坚守国家政权安全和意识形态安全的底线，毫不动摇和妥协。一旦出现安全状况，往往能够快速反应、果断取舍，有力反击西方国家策动的网络渗透和政治输出，坚决维护党的领导和社会主义制度。

7.1.2　促进国家经济社会现代化的共同任务

中国越南作为经济社会基础比较薄弱的发展中国家，都把经济社会现代化作为党和政府重要的战略目标。这个战略目标涵盖政治、经济、文化、社会、生态等方方面面内容，且日益将信息化和互联网治理等要求涵盖其中，其出发点和落脚点是为了最广大人民的根本利益。对中越两国经济社会现代化共同任务的分析，有助于清晰解释在宏大的结构性"目标—任务"框架下，互联网治理的共同之道和相似之处。

第一，中国越南经济社会现代化都包含信息化目标。21 世纪是互联网的时代，可以毫不夸张地说，任何不希望在激烈的国际竞争中落败的国家都应当成为网络世界的"弄潮儿"。中越相对于发达国家的"弯道超车"和"赶超式"发展则更需要借助网络信息化的"迭代"优势。中国共产党充分认识到信息化和工业化深度融合作用以及信息化在整个国民经济社会发展中的关键角色。中共十八大提出，"坚持走中国特色新型工业化、信息化、城镇化、农业现代化道路"，促进四化"同步发展"。中共十八大之后，党和政府更是将网络安全和信息化提高到前所未有的重视程度，提出了"没有信息化就没有现代化""没有网络安全就没有国家安全"等准确战略判断。越共在十二大上提出，"为早日把越

①　阙道远：《美国"网络自由"战略评析》，《现代国际关系》，2011 年第 8 期。
②　聂慧慧：《越共十二大以来越南政治、经济与外教形势》，《国际研究参考》，2017 年第 2 期。

南基本建设成为现代化工业国而奋斗"，而没有信息化的支撑越南很难从农业国成长成为一个发达的工业国。正是近年来电子产业的突飞猛进，才给越南经济社会现代化提供了重要的动力，赢得了电子产业大国的国际声誉。由此可见，网络信息化是中越经济社会现代化"宏伟大厦"中的重要内容，也是助推快速实现两国经济社会现代化目标的动力源泉之一。因此，面对信息技术相对落后的现实和网络安全严峻的外部压力，中越只有走一条政府主导型的互联网发展和治理之路，即动用政府的力量全力发展互联网基础设施、互联网产业，制定互联网政策，加强互联网管理，实现信息技术和产业经济的快速发展。与此同时，政府部门制定比较严格的互联网监管措施，在获得经济发展成果的同时，最大限度减少互联网发展带来的负面影响，从而为保证经济社会平稳运行积累"正能量"。所以，观察中越两国互联网发展和治理，较少存在"放任自流""无序发展"和"随意空间"，而是时刻服务和服从于经济社会现代化共同任务，有十分清晰的规划、步骤和要求。

第二，中国越南经济社会现代化都是为了广大人民的利益和福祉。中越作为社会主义国家，经济社会现代化事业的出发点和落脚点毫无疑问都是为了更好地实现最广大人民的根本利益，"必须贯彻以人民为中心的发展思想"。以此作为标尺来考量，能发现中越之间较多的相似之处。体现在互联网发展和治理中，就是一方面让民众最大限度地享受到互联网获得感，中国提出"要适应人民期待和需求"，"让互联网发展成果惠及 13 亿中国人民"；另一方面尽量减少互联网负能量对民众造成的伤害，坚决主张"互联网不是'法外之地'"。从两国的实践来看，信息技术走进千家万户有力地推动了信息获取和社会文化繁荣，互联网经济提高了民众的生活水平和便利程度，电子政务降低了民众的办事成本、方便了监督政府。信息化使得两国的现代化水平实现跨越式发展，人民群众生活学习工作等多方面发生了积极变化。与此同时，中越通过打击网络谣言、加强网络安全、促进社会稳定等措施维护网民的基本权益，防止由于网络信息化的负面影响扩大伤及人民的根本利益。如果因为互联网发展的短期经济效益忽视了人民群众长期的安全利益和国家长远的政治利益，这与互联网发展和治理的初衷也是背道而驰的。所以，中越坚持建立符合本国国情的互联网治理模式，在维护网络安全和人民利益的基本前提下，中越不断探索增强人民尤其是网民在互联网发展和治理中的发言权和话语权，通过更加灵活的机制和多样的渠道，让更多的社会力量参与到互联网治理中来，形成互联网治理的多方合力，为互联网善治提供更加坚实的民意基础。

7.1.3 发展中国家相似的发展阶段和技术基础

从经济社会发展状况来看，中国越南都属于发展中国家。中国现在处于并将长期处于社会主义初级阶段，面临着实现"两个一百年"目标的艰巨任务。越南处于向社会主义过渡的初级阶段，正在"为早日把越南基本建设成为现代化工业国而奋斗"。中越两国均呈现出人口多、底子薄、经济社会现代化程度不高、从农业社会向工业社会转型等显著特点，这决定了中越都采取赶超型的互联网发展战略，最大化利用网络信息化条件，促进经济社会现代化。

第一，中国越南同为经济社会基础比较落后的发展中国家。经济社会发展基础在很大程度上决定了一个国家现代化发展方式，中越的经济社会基础是现代化的先决条件和基本背景。从人口规模来看，中国是世界上第一人口大国，人口负担沉重，尤其是伴随人口红利的消失，"未富先老"带来了巨大的就业、医疗、社保压力。越南虽然1亿人口不到，但是人口密度较大，在提供廉价劳动力的同时带来较大人口负担。从经济发展来看，中国近年来保持了较快的增长速度，但是高能耗高污染使得粗放的发展方式难以为继，亟待经济"换挡升级"。越南经济保持着较快的增长速度，但是效益、质量、效率、竞争力还较低。从工业发展来看，中国近些年来工业化速度较快，正在进入工业化中后期，向制造业强国迈进。越南基础设施建设依然比较滞后，与发达国家有着巨大的差距。从人均收入来看，中国刚刚迈入中等收入国家的行列，越南则属于中低收入国家，提高人民生活水平的任务依然十分艰巨。中国越南相似的发展境遇决定了两国执政党实现经济社会现代化的任务异常繁重。因此，要妥善处理改革发展稳定之间的关系，在互联网治理中，始终要维护国家和政权稳定作为第一要义，为现代化提供必要的政治支撑。进而言之，在党和政府的主导下掌握互联网治理的主动权，建立一套符合本国国情的互联网治理模式，在必要的时候对互联网进行管控。在此基础上，注重充分发挥互联网发展的正效应，采用赶超战略，引进国外资本和技术，通过政府积极支持互联网产业发展实现经济振兴，大力发展信息技术为工业化提供动能。

第二，中国越南同为快速发展中的新兴互联网国家。互联网快速发展以及所产生的政治经济社会影响是中越采取相似互联网治理理念、模式、策略的共同技术背景。与为数不少的发展中国家在互联网浪潮中步履蹒跚不同，中越虽然都处于后发位置，但是在 20 年左右的时间内赶上了互联网发展的快车，实现了互联网的技术升级、产业发展和经济效益。如前所述，1994 年中国接入国际互联网之后，互联网发展经历了若干个重要的发展阶段，不断克服发展瓶颈，追赶国际互联网发展浪潮，逐渐从"网络小国"变成"网络大国"，正在从"网络大国"迈向"网络强国"。目前以腾讯、阿里巴巴、百度等为代表的中国互联网企业在国际舞台上的知名度和影响力不断增强，即将取得与西方国家互联网名牌企业分庭抗礼的新优势。越南虽然起步比中国稍晚几年，但是 1997 年接入国际互联网之后，越南的互联网技术、互联网产业、互联网经济突飞猛进，成为世界瞩目的电子产品生产和加工基地，是西方国家信息产业转移青睐的目的地。越南国内广阔的市场前景预示了互联网产业继续不断发展的巨大潜力。在互联网和互联网经济飞速发展的同时，中越两国经济社会发展的方方面面深受影响，均感受到前所未有的互联网浪潮冲击波。因而，互联网治理的重要性和紧迫性日益凸显，必须通过互联网治理有效回答和解决一些无法回避的重要问题。例如，如何掌握互联网关键技术，实现技术更新换代？如何更好地维护国家的网络主权和网络安全？如何更好地实现网络治理，净化网络舆论空间？如何有效防范个打击网络犯罪，保护网民合法权益？是全面照搬西方国家互联网治理模式，还是建立符合自身国情、从实际出发的互联网治理模式？在这些问题上，不同国家的选择会呈现出较大的差异，然而因为曾经相似的发展基础和面临共同的现实问题，中越给出了大体相同的答案。

7.2　中国越南互联网治理存在差异的原因

通过比较发现，中国越南互联网治理中存在一些不同点和差异处。这些不同点和差异处表现为：其一，在治理理念上，中国的"网络强国"目标更加体系化，系统性比较强，越南"信息技术强国"目标则相对具体和微观，系统性稍有欠缺；中国力求取得国际互联网治理话语权，成为网络空间"负责任的大国"，越南则局限于在区域合作的范围内最大程度实现其经济利益，没有获得更大话语权的诉求。其二，在治理模式上，虽然呈现为政府主导型的互联网治理模式，但是顶层机构整合的力度不同。中国成立了各个层级的网络安全和信息化领导小组，基本上实现了互联网治理上的统一和整合，越南则依然存在较复杂的"多头指挥"、力量分散问题。此外，越南更多地表现为"赶超"型的互联网发展模式。其三，在治理策略上，中越在互联网治理中对待国外新媒体的态度有差异。中国对谷歌、脸谱、推特等采取比较严格的禁止措施，而这些媒介则在越南大行其道，普及率比较高。中国积极运用电子政务提高行政效能，改善政府形象，实现转型升级，越南则处于电子政务比较初级的起步阶段。其四，在治理效果上，越南互联网治理的压力和问题比中国更为突出，且与中国存在"代差"和"时差"。总的来看，中国的互联网发展水平更高，治理经验更成熟。为什么会存在这些不同点和差异处？主要原因在于以下方面。

7.2.1　经济社会发展水平不同

互联网治理并不是一个孤立的领域，而是"嵌入"整个经济社会发展中的一项"子工程"，与经济发展、政治体系、社会文化和国家治理等因素有机联系、无法隔离。换句话说，互联网治理理念、模式、策略路径选择的不同和实际效果的差异，很大程度上受制于经济社会发展状况这个"大结构"。而从这些角度分析，中越两国之间存在无法忽视的差异。

第一，从中越两国基本体量上来看，存在不小的差异。尽管同为共产党领导的社会主义发展中国家，具有相似的发展境遇和经济基础，处于大体相似的历史发展阶段。但从国家基础规模来看，有着天壤之别。地域差距比较大，越南领土面积仅为中国的1/30，人口仅为中国的1/14。2015年，中国经济总量位居全球第二，越南则位列第45名，是中国的1/55。一方面，越南正所谓"船小好调头"，在各大国之间左右逢源，充分利用产业转移的优势吸引外资发展互联网产业，充分利用西方国家的经济技术援助发展互联网技术和设备，产业政策比较灵活多变，发展的速度和倍增效应比较显著。另一方面，由于经济、领土、人口规模不在一个数量级上，形成了国际影响力的天然差异。所以，中国的"大块头"，不遗余力地代表发展中国家争取国际互联网治理话语权，试图改变国际互联网治理旧秩序，建立国际互联网治理新规则。而越南的"小体量"也在区域合作范围内产生一定的影响。

第二，从经济发展水平来看，越南整体落后于中国。2016年，中国人均GDP超过8000美元，而越南仅为2215美元①（越南十三届国会预计到2020年达到3200—3500美元），是中国的1/4左右。越南产业结构偏差大，以加工、组装为主的加工制造业占主导地位；配套工业薄弱，原材料和机械设备依赖进口；出口企业以外企为主，越南仅贡献廉价劳动力；越南本土企业融入世界经济的准备不够，未能充分利用已签署的自贸区协定促进出口。就中越贸易而言，2015年上半年越南对华贸易逆差继续攀升，逆差额为123亿美元，同比增长12.8%，相当于增加14亿美元②。中国则从2015年开始成为资本输出国，把实现产业结构调整与对外投资结合起来，作为促进经济发展的战略机遇。从本质上说，互联网发展和治理水平是经济发展水平的呈现，经济发展水平的高低某种程度了决定了互联网发展和治理水平的高低。因此，体现在互联网发展和治理上，才会出现与中国的"代差"和"时差"。具体而言，中国的互联网科技

---

① 中华人民共和国商务部：《2016年越南GDP增长6.21%，人均GDP2215美元》，http：//www.mofcom.gov.cn/article/i/jyjl/j/201612/20161202421524.shtml，2016 - 12 - 24。

② 中华人民共和国驻胡志明市总领事馆经济商务室：《越媒称贸易逆差系越南经济面临的最大困难》，http://hochiminh.mofcom.gov.cn/article/ztdy/201507/20150701054606.shtml，2015 - 07 - 01。

水平高出越南一筹，互联网治理水平也更为成熟。越南在互联网发展上深受"中国因素"影响，同时在互联网治理的许多具体做法上学习借鉴中国。

第三，从社会文化背景来看，两国存在较大的差异。中越两国虽然是近邻，文化传统和习俗相近，但是又呈现出较大的历史和现实反差。在东南亚国家中，越南受中国文化影响最大，无论是宗教信仰，还是风俗习惯以及语言文学越南都留下了深刻的中国文化的烙印。① 且两国作为共产党执政的社会主义国家，具有较深厚的革命历史渊源，深受共产主义文化影响。19 世纪下半叶，法国殖民者入侵并统治越南。二战结束之后，美国势力向越南渗透，并在越南南方扶植傀儡政权。在 100 余年间，越南人民一方面饱尝了殖民主义、帝国主义的欺压，另一方面受到了西方国家特别是法国政治制度和政治文化的影响，萌发了难得的民主意识。而中国长期作为一个大一统的民族国家，虽然近代沦为半殖民地半封建社会一百年，但是西方文化对中国的影响毕竟十分有限，难以催生出明显的民主意识。加上 20 世纪 70 年代末中越之间爆发的战争，在两国的民众心理层面产生了明显的对立情绪，经由南海领土主权问题继续放大。所以在互联网治理上，一方面，越南民众对"网络民主"的诉求较高，政治民主派也往往将互联网作为工具攻击越南党和政府，而中国网民对党和政府的互联网治理行动持较高的肯定态度；另一方面，越南始终对中国抱有不信任态度，在信息技术合作和软硬件设备进口等方面设置限制条件，甚至不惜利用西方技术资金设备来制衡中国，尽量消除中国的影响和对越南的安全隐患。

7.2.2　面临的国际国内环境不同

因为互联网跨域国界、彼此渗透的显著特点，所以互联网治理从来都不是一个"单纯"的国内问题，而是一个与改革发展稳定、内政外交国防都紧密"黏合"在一起的复杂问题。是故，一国所处的国际形势和国内环境具体情况，对其互联网治理理念、模式、策略的选择会产生很大的影响，对其互联网治理的实际效果也会形成直接作用。现实来看，中越两国面临的国际国内环境不同

---

① 古小松：《中越文化关系略论》，《东南亚研究》，2012 年第 6 期。

是互联网治理差异的主要原因之一。

第一，就面临的国际形势而言，中国越南在共性中体现出差异。如前所述，中国越南同为共产党执政的现实社会主义国家，共同面临着国家政权安全和意识形态安全的外部挑战。但除此之外，又有诸多不同。中国是世界上经济体量第二大的国家和最大的发展中国家，做出了"和平与发展是当代世界主题"的基本判断，积极推动国际关系民主化和发展模式多样化，越来越积极地参与国际事务、获得发言权和话语权，这实际上冲击了美国的世界霸主地位，对西方主导的国际秩序构成了强有力的挑战，甚至可能导致国际格局的根本变化，引起了美国为首西方国家集团的高度警惕，利用一切时机"围剿"中国。伴随着中国的发展壮大和国家利益延伸，周边国家对中国也相当忌惮和紧张。因此，近期南海问题、钓鱼岛问题、朝核问题、台湾问题持续发酵，日本、韩国、菲律宾、越南、中国台湾等周边国家和地区参与到美国制衡中国的战略中来，形成了令中国不甚乐观的国际环境和周边环境。在背景下，美国、日本等国家对中国发动网络攻势，通过"棱镜项目""X—关键得分"等手段，威胁中国网络安全和国防安全，企图借此"扳倒中国"；借口"网络人权"施加政治压力，迫使中国就范；对中国进行信息技术封锁，加快从中国产业转移的速度，将资金技术等生产要素更多地投放到其他东南亚国家。面对这些情况，中国在互联网治理上提出了维护网络安全、加快信息化建设和建设"网络强国"的战略目标，同时，积极揭露美国网络霸权的真面目，提出建立国际互联网治理新秩序，从根本上消解美国网络霸权。对谷歌、脸谱、推特等在颜色革命中扮演微妙角色的网络新媒介高度警惕，严禁其在中国内地传播，防止互联网问题成为国家安全的外部"最大变量"。

而越南面临的国际环境与中国有很大不同。自革新开放以来，越南以更加积极开放的心态融入国际社会，在外交领域有不少出色表现，在国际舞台上的地位和作用不断增强。由于国家规模和经济发展等因素制约，越南作为一个"中型国家"，其国际影响力和话语权均十分有限。尽管近年来越南成为成绩比较"抢眼"的发展中国家，但还是仅具有一定的区域影响，难以对现存国际秩序和世界格局产生冲击，也难以撼动美国霸主地位和西方权势结构。相反，中越作为邻国存在历史渊源和"过节",越南一部分人对中国的发展壮大心存疑虑和戒心。加上中越之间因为南海问题产生了利益摩擦,美国、日本一度将越南作为遏制中国的"棋子",实际上加大了对越南的渗透和利用,甚至期望策动颜色革命"远东波",通过"和平演变"越南来包围中国①。而越南也不断在大国之间搞"平衡外交",谋取自身的最大利益。2010年以来,美国在"亚太再平衡"战略中积极利用越南,不断渲染中越两国之间的南海主权争议,片面支持越南在南海不合理的主权诉求,力图破坏中越关系。美国、日本对越南进行经济军事援助,解除对越南的武器禁运,成为越南对华强硬行动的"后台";美国"和平队"首次在越南活动,在越南建立医疗物资储备基地;西方互联网企业从中国产业转移,越南是主要目的地和受益国之一;不断支持越南在南海问题上动作,对中国进行干扰和钳制。从这个角度上说,近期越南的整体国际环境要稍稍优于中国。因此,越南利用难得机遇积极承接西方互联网企业产业转移成果,加快互联网信息技术发展,利于实现"赶超"中国。在经济利益刺激和外部安全环境较为宽松的前提下,越南党和政府对西方互联网持企业积极欢迎态度,一定程度上也能够容忍谷歌、脸谱、推特等新媒体在越南的流行,体现出了与中国党和政府不同的治理策略。

第二,就面临的国内环境而言,中国越南也存在着较大的不同。中国从党的十八大以来,统筹推进"五位一体"总体布局,协调推进"四个全面"战略布局,全党开展"两学一做"学习教育,全面深化改革持续深入,供给侧结构性改革提质增效,国防和军队改革迈出重大步伐,党和国家各项工作取得举世瞩目的成就②。尤其是毫不动摇推进全面从严治党,一手抓思想建党,一手抓制度治党,严厉整顿吏治,不遗余力清除腐败,净化党内政治生态,党内政治生活出现新气象新局面,赢得了党心民心,在全党全社会形成了"拥护以习近平同志为核心的党中央"的高度政治共识。在此背景下,中国党和政府既将互联网治理作为社会建设中的重要领域来抓,又与思想建设、安全维护、技术发

---

① 杨育才:《颜色革命的"远东波"》,《中国国防报》,2016年1月29日第22版。

② 《中国共产党第十八届中央委员会第六次全体会议公报》(2016年10月27日中国共产党第十八届中央委员会第六次全体会议通过)。

展等统筹协调推进，在互联网治理领域动作频频、成效显著，与十八大之前相比发生了较大改观。习近平亲自担任中央网络安全和信息化领导小组组长，在中央层面整合力互联网治理力量；实施"互联网＋行动计划"、"宽带中国"等项目，加快建设网络强国；召开数次世界互联网大会，提高中国在国际互联网治理中的发言权和话语权，出台《国家网络空间安全战略》《网络空间国际合作战略》等文件，积极推进全球互联网治理体系改革；加强互联网安全建设和网络舆论治理，多次开展"净网行动"，不断清朗网络空间。总而言之，中国国内环境决定了互联网治理的思路、模式和策略，是互联网治理的重要基础和支持因素，而互联网治理的实践又反过来有效服务于国家治理和经济社会建设，获得了较高的社会支持度和群众满意度，基本实现了互联网治理的既定目标。

越南与中国在国内环境上存在不少差异。近些年来，越南经济发展迅速，社会转型加快。越共的政治革新既取得了一些民主化建设上的积极效果，又使得越南政局的不稳定性和变数加大。2016年年初的越共十二大，选出了以阮富仲为总书记的新一届领导集体。在稳定表象的背后，各种政治力量和博弈和斗争在继续延续，党内的思想路线斗争和派系斗争时隐时现。在越共十二大闭幕仪式上，阮富仲表示：越共新一届领导集体必须精诚团结，团结和带领越南广大人民，才能迎接各种挑战，克服重重困难，实现越共的历史目标和对人民的承诺。同时，伴随着越南政治革新的力度加大，与社会主义思想格格不入的各种社会思想此起彼伏，甚至出现了比较突出的要求实行西方宪政民主、三权分立、搞多党制的政治主张。例如，围绕修改宪法斗争，2013年6月10日，越南国防部政治学院哲学系副主任武光造在越南共产党机关杂志《共产主义》刊登的文章《当前的理论研究与理论斗争工作》中指出，越南理论斗争的面临极为严峻的形势。文章尖锐点评，当前越南的理论研究遇到的困难和挑战是有史以来最为严酷的。[1] 与此同时，对"和平演变"、颜色革命的现实性可能性认识不足的党员干部不乏其人，越共的廉政建设依然存在很大的改进空间。[2] 这些问

---

① 潘金娥：《当前越南共产党面临的问题与挑战》，《当代世界与社会主义》，2014年第6期。
② 潘金娥：《从越共十二大看越南革新的走向》，《当代世界与社会主义》，2016年第1期。

题不仅仅在现实层面持续发酵，在虚拟空间往往以比较激进的互联网舆论表现出来，出现了网上修宪集会、网络反党舆论、网上腐败控诉，甚至是对领导人的舆论攻击，产生较大的社会政治影响。越共已经认识到国内政治稳定面临的严重问威胁，并采取多种措施加以应对，而较为严厉的互联网管理是其中无法回避的政策选择。因此，被称为"史上最严"互联网法令的越南互联网管理72号法令在此背景下应运而生，但却很难从根本上扭转互联网舆论上的被动局面，也使得互联网治理的效果大打折扣。究其原因，越南近期较为复杂敏感的国内政治形势直接决定了互联网治理政策出台，影响了互联网治理效果；而越南互联网治理实践又必须紧跟越南政局发展，为越南政权稳定和社会稳定服务。

7.2.3 执政党政治改革（革新）实践不同

推进政治改革（革新）是中国越南执政党重大的战略部署和治理动作。政治改革（革新）实践的差异会直接导致政治体制、政治格局、政治稳定、行政改革等方面的不同，对政权稳定和经济社会发展产生巨大的影响。这是"政治系统"对"社会经济系统"具有异常巨大的反作用的表现。同样，互联网治理作为国家治理和社会治理的重要组成部分之一，毫无疑问受到"政治系统"改革（革新）变化的影响。互联网的治理方式、开放程度、实践效果等很大程度上受制于政治改革（革新）的力度、方向、路径和措施。而中越在此方面存在一些值得关注的差异。

第一，两国政治体制改革的具体路径不尽一致。1986年，越共第六次全国代表大会开启了全面革新的历史征程。1991年，越共第七次全国代表大会明确指出，为了与经济革新发展的新任务新要求相适应，必须启动政治革新进程。越南自1992年起的国会代表选举就开始实行直接选举，提高了选举的民主性和透明度。"票决制"已成为当前越南政治民主化改革最为突出的特点。越南国会及地方人民议会实行"质询制"。所谓"质询制"，即越南国会代表有权向包括国家主席、国会主席、政府总理、部长在内的官员提出质询，被质询者必须以严肃认真的态度在国会会议上做出回答和解释，直到国会代表满意为止。从1998年开始，越南国会会议通过电视实况转播，成为广大民众关注和议论的时事热点话题。这些做法激发了广大人民群众政治参与的积极性。2010 年，越南国会否定了政府提出的"北南高铁"重大项目建设计划，引起国际舆论的极大关注。通过政治革新转型，越共领导但不包办、不代替其他国家机器，让国会发挥在国家和社会管理上的主动性、积极性和创造性，"越南国会越来越有实权了"①。不仅仅在国会进行信任投票，在越共举行中央全会时，对中央政治局和中央书记处成员的表现进行信任投票也成为会议议程之一。民主氛围在越共党内日益浓厚，更加成熟完善的集体领导制成为党内政治新常态和新模式。② 在最高权力上，形成了中央总书记、国家主席、国会主席、政府总理的"四驾马车"格局，彼此之间既相互配合，又相互制衡。总之，越南的政治革新在反腐败、精简政府机构、完善法律体系、强化监督机制等方面也都取得了重要进展。③ 越共十二大提出，在政治革新上要继续处理好"党的领导、国家管理、人民做主之间的关系"。相比较而言，中国共产党采用渐进的方式，更加"积极稳妥推进政治体制改革"，即在社会主义国家性质、政权性质和基本政治结构不变的前提下，对具体的体制机制、组织形式、运作方式和相互关系进行改革和调整，不断体现社会主义民主政治的优越性。1987 年 11 月，在中国共产党十三大上，政治体制改革问题提上了议事日程。30 年来，中国政治体制改革成果不断涌现，比如废除领导干部终身职务制；发展完善人民代表大会制度以及政治协商制度；创新村民自治制度和基层直选制度；改革干部人事制度，初步建立公务员制度；多次进行改革行政机构，建立"大部制"，等等。与越南相比，中国县以上各级人大代表采用间接选举的办法，越共的一系列政治革新举措，在许多方面突破了苏联社会主义模式，对社会主义国家而言具有借鉴意义和参考价值。④ 越共认识到，政治革新总是在试错中进行和推进的，没有不犯错误的尝试，重要之处在于及时总结经验教训，勇于承认错误并迅速改正。总而言之，

---

① 郑一明、潘金娥：《中越马克思主义创新比较研究》，社会科学文献出版社，2011 年版，第 201 页。
② 古小松：《从越共十二大看越南的道路与方向》，《学术前沿》，2016 年第 4 期（上）。
③ 陈明凡：《越南政治革新研究》，社会科学文献出版社，2012 年版，第 26 页。
④ 郭春生、陈婉莹：《越南革新开放在世界社会主义改革浪潮中的地位和作用》，《理论与改革》，2017 年第 3 期。

应当对越共在政治革新中不回避矛盾、勇于承认错误的实事求是精神给予高度的评价。而中越政治体制改革的进程和措施，直接影响到互联网治理的差别。

第二，越南政治革新的不确定性和变数日益加大。《变化社会中的政治秩序》的作者亨廷顿指出："现代性孕育着稳定，而现代化过程却滋生着动乱"。①从传统社会向社会主义民主政治建设的转型期复杂敏感，往往是政治不稳定的高发期，社会主义国家执政党都需要异常谨慎地处理好这一问题。尽管越共也认识到政治革新不能"操之过急"，"审慎地逐步地摸索进行"才是更加稳妥之道。但近年来，越南国内一系列政治革新实践已经引起了较大的波澜，国际舆论给予高度关注。例如，近年来越南政治革新进程中出现了对"公民社会"新概念的推崇。应该指出，"公民社会"主张是典型的西方"舶来品"，打上了西方历史文化和社会传统的深深烙印。越南国内一部分政治势力借用"公民社会"思想，希望实现尊重和保障公民权利、进一步扩大言论自由、改革国家权力运行机制、改革党的领导方式、建立社会反腐败体系等诉求。然而，在越南学者探讨"公民社会"构想的同时，越南国内外别有用心的政治力量，以保障人权和公民权利的为幌子，批评和质疑越共的领导地位和领导体制。一段时间，部分越共党内退休高级干部、军队将领要求修改党章，放弃越共的思想领导和组织领导，抛弃社会主义制度，实行军队"非党化""中立化"，否定越共的领导地位，等等。在越共十二大召开前后，越南党内国内意识形态斗争形势十分严峻。2013年，越南国会开会讨论修改宪法议题。部分国会代表提出，应当放弃目前的"越南社会主义共和国"国名，建议采用1945年时"越南民主共和国"的最初国名。其基本用意在于彻底否定现状，否定越共的领导，进而放弃社会主义道路，越南政治革新存在"翻车"危险②。而网络平台是传播这些政治理念最为便利的渠道，越南网上政治斗争的形势因此也十分严峻。网络博客为提出不同修宪意见和批评越共的提供了平台，社交媒体尤其是脸谱扮演了更加显

① ［美］亨廷顿：《变化社会中的政治秩序》，王冠华译，生活·读书·新知三联书店，1989年版，第38页。
② 李文、王尘子：《越南反腐：正反角力、艰难前行》，《中国纪检监察报》，2015年3月22日第4版。

著的角色。城镇居民、年轻网民和知识分子热衷于通过网络社交媒体讨论修宪议题,发表对越南政治经济现状的不满,成为推动敏感政治议题发酵的新兴群体。① 这些状况的出现迫使越南政府 2013 年出台 72 号令等管制措施。同时,各方政治力量对互联网治理的思路和目的也不尽相同,有的主张更多实行"网络自由",保障"网络人权",实现西方所谓的"网络民主",有的主张加大管制力度,肃清网络空间,围剿网上反对派,体现出政治革新与互联网治理之间复杂的互动关系。2016 年 10 月,越共召开十二届四中全会,主题为"加强党的建设和整顿工作",提出加强党建要"建""防"结合②。所谓"防",是"重要的紧迫任务",其中包括防范消极甚至错误互联网意识形态对越共党员思想和行为产生的负面影响。越南所遇到的上述问题在中国表现得并不突出。中国在政治体制改革的过程中更为小心谨慎,反复强调坚决不照搬照抄西方模式,坚持党的领导,反对三权分立,对"公民社会"等西方概念、思想往往采取认真辨别的态度,积极廓清思想界和党内党外的认识误区,注重加强思想建设、理论武装和舆论斗争。因此,全党对一些重大的政治问题认识比较一致,在社会上也没有形成明显的政治舆论反对声浪,所呈现出的互联网治理政治局面没有越南遭遇的那么严峻和复杂。表现在互联网治理效果上,中国的成绩较越南更加突出。

第三,中国行政体制改革的成效相对越南更加显著。近年来,中国提出了"深化行政体制改革,切实转变政府职能"的口号。以简政放权为"先手棋",以深化行政审批制度改革为"突破口",持续发力推进简政放权、放管结合、优化服务,创造良好发展环境、提供优质公共服务、维护社会公平正义成为政府工作的重点。③ 国务院机构职能转变,推行"大部制",创新行政管理方式,增强政府治理能力。体现在互联网治理上,把原来分散在各个机构的互联网治理

---

① 陈新明、杨耀源:《越南修订 1992 年宪法引发的争论及思考》,《当代世界与社会主义》,2016 年第 1 期。

② 聂慧慧:《越共十二大以来越南政治、经济与外教形势》,《国际研究参考》,2017 年第 2 期。

③ 新华网:《李克强在全国推进简政放权放管结合职能转变工作电视电话会议上的讲话》,http://news.xinhuanet.com/politics/2015-05/15/c_127802274.htm,2015-05-15。

职能统一归并到国家互联网信息办公室，很大程度上克服了"九龙治水"、多头治理的实践弊端。全面实行政务公开，统筹规划"互联网＋政务服务"，积极推广电子政务和网上办事，打破行政壁垒，实现部门间数据共享，让居民和企业体会到"少跑腿、好办事、不添堵"的便利，让老百姓有更多获得感。相比中国行政体制改革的共识和绩效，越南本国不少专家学者认为越南的"行政改革没有取得应有成效"。越南许多行政干部仍不愿放弃手中的权力，认为政府机构应当继续增加而不是减少，强调不能对经济社会事务放任自流，而是应当不断加强管理，认为行政体制改革不应该成为国家改革的主要目标，而是结合其他工作推进的配套工作。① 越南《共产主义》杂志前总编辑何登撰文指出："越南在政治革新上取得了巨大的成就。但是，在国家行政体制改革领域，依然存在诸多不足，比如受到机构臃肿、职能交叉、效率低下等问题长期困扰。此外，党员干部和公务员的综合素质、业务能力和使命担当意识都不能令人满意。"② 越共十二大之后，越共新一届领导集体清醒地认识到问题的严重性，提出要大力改变"行政命令政府"的既有模式，建立"廉洁、创造、行动、服务型政府"，不断创新管理机制，减少行政审批手续，优化营商环境。③ 越南的这些问题，体现在互联网治理上，表现为相对统一的互联网治理合力依然没有完全形成，统筹的力度和效果均有较大的提升空间。越南的电子政务相对中国也比较落后，不仅有信息技术发展的原因，也有行政体制改革相对滞后和领导干部队伍思想认识等方面的因素。

---

① 云南行政学院赴越南考察小组：《越南行政改革及其启示》，《云南行政学院学报》，2002 年第 3 期。
② 何登：《越南政治体制革新的实践问题》，载李慎明：《社会主义：理论与实践》，社会科学文献出版社，2001 年版，第 353 页。
③ 聂慧慧：《越共十二大以来越南政治、经济与外教形势》，《国际研究参考》，2017 年第 2 期。

第8章 中国越南互联网治理的启示

前几章通过中国越南互联网治理的理念、模式、策略和效果比较以及这些方面异同的原因分析，比较清晰地勾勒出两国互联网治理中取得的成绩、存在的不足和发展的方向。不难发现，中越在社会主义国家和发展中国家中具有一定的典型性、代表性和示范性。所谓"典型性"是指中越是发展中国家阵营中的一员，与许多发展中国家的发展基础和社会条件十分相似；所谓"代表性"是指中越是发展中国家尤其是社会主义国家的突出代表，备受国际舆论和西方国家关注，其国际地位和象征意义不言而喻；所谓"示范性"是指中越近年来取得了互联网治理有目共睹的成绩，为国际社会高度认可。因此，中越互联网治理的探索与经验，对发展中国家尤其是后发的社会主义国家具有重要的启示和借鉴意义，应当从社会主义事业兴衰成败和世界社会主义运动发展的高度对互联网治理给予重大关切。同时也应当看到，以中越为代表的社会主义国家的互联网治理起步比较晚、具有实践局限性，还存在一些不足和亟待解决的问题，需要准确把握互联网发展趋势，以科学发展的战略眼光和理念方法逐步调整创新提升，形成更高层次和水准的互联网治理格局，切实促进社会主义现代化建设事业，维护国家政权安全和意识形态安全。

8.1 从社会主义事业兴衰成败的高度重视互联网治理

如前所述，互联网治理绝不是简单的技术问题和管理问题，而是涉及国家改革发展稳定的战略性问题和全局性问题。正像学者指出的那样，"互联网不是技术、是媒体，更是政治；不是器物、是产业，更是意识形态"。① 对社会主义国家和世界社会主义运动而言，互联网发展和治理完全是新生事物和新生变量，没有先例可供借鉴和遵循。诞生于 19 世纪中叶的科学社会主义一旦在 21 世纪"触网"，能否进行成功的互联网发展和治理，直接关系到社会主义国家的前途命运和世界社会主义运动的发展未来。因此，中国越南互联网治理的实践探索，折射出互联网治理是非得失和社会主义事业兴衰成败之间的重要相关性，值得认真分析总结。

8.1.1 有力回应西方压力，维护政权安全

托夫勒曾经断言："谁掌握了信息，控制了网络，谁就将拥有整个世界。"在信息全球化时代，相对于中越等社会主义国家而言，西方发达资本主义国家具备明显的互联网技术优势、互联网治理优势和互联网文化优势。在互联网技术上，掌握了先进的软硬件设备，控制了互联网核心技术和"命门"，取得了互联网域名地址分配的主导权，威胁后发国家的互联网信息安全和国家安全。在互联网治理上，建立了互联网治理的国际秩序，掌握了互联网国际治理规则的制定权和话语权，对中越等社会主义国家进行制度输出和民主输出。在互联网文化上，英语网站占了网站总数的大半，西方生产的互联网文化产品大行其道，形成了西方强势的互联网文化传播格局，推动西方价值观念和思想文化的全球扩张。

如何认识和面对西方的优势和压力，社会主义应当如何发展和治理互联网？

① 张显龙：《中国互联网治理：原则与模式》，《新经济导刊》，2013 年第 3 期。

在学术界和理论界出现了两种错误的观点和主张：

一种错误观点认为"社会主义与信息化根本冲突"。例如，西方学者托夫勒和卡斯特认为，社会主义与信息化根本对立、无法调和。托夫勒分析了"传统社会主义的社会关系"，认为社会主义在信息化时代没有前途。[①] 卡斯特认为，在传统工业国家向信息化国家转型过程中出现严重失调，导致了苏联社会主义失败。[②] 这两个学者均认为，信息化与社会主义难以相容，两者之间存在着根本"冲突"。其实，社会主义现代化与信息化并不矛盾，信息化能够促进社会主义现代化进程。[③] 一般而言，社会主义生产关系更有利于促进信息化建设和生产力发展，"信息悖论"能够被社会主义优越性所克服，甚至信息化的社会主义相对于资本主义更能彰显制度优势。[④]

另一种错误观点认为"社会主义国家应当自我隔离于信息全球化之外"。即认为信息全球化是资本主义、西方势力全球扩张的助推和产物，互联网是"资本主义挑战社会主义的工具"[⑤]，是对发展中国家、社会主义国家进行渗透和剥削的新形式、新途径，与其被信息全球化浪潮裹挟颠覆，不如人为设置障碍进行自我隔离、自我封闭，使国家和人民游离于信息全球化浪潮之外。这是一种典型的"理想主义"和一厢情愿。事实证明，信息全球化浪潮能够顺利冲击渗透主权国家边界，即使采用有限的技术手段进行阻拦和封锁，也无异于作茧自缚、螳臂挡车。自我隔绝的做法不仅不能最终维护国家安全和政权安全，反而会丧失迎头赶上信息化浪潮和推进国家治理现代化的大好时机，对国家和民族而言都是遗憾甚至是悲剧。

---

① ［美］阿尔文·托夫勒：《第三次浪潮》，朱志焱等译，新华出版社，1996年版，第28页。

② ［西］纽曼尔·卡斯特：《网络社会的崛起》，夏铸九、王志弘译，社会科学文献出版社，2003年版，第76页。

③ 陆俊、严耕：《信息化与社会主义现代化：兼评托夫勒和卡斯特的信息化与社会主义"冲突"论》，《思想理论教育导刊》，2004年第8期。

④ 张坤晶：《信息革命与社会主义的新特征研究：兼论"信息社会主义"的可能性》，华南理工大学博士学位论文，2014年，第22页。

⑤ 王文华：《互联网：资本主义挑战社会主义的工具》，《发展导报》，2001年4月13日第3版。

　　从中国越南两国互联网发展和治理的实际情况来看，互联网从过去的"外部性变量"逐渐转变为近年来的"内生性变量"，成为社会主义国家现代化进程中不得不认真考虑和处理的重要因素。中国越南的实践经验告诉我们：第一，作为后发的社会主义国家，已经没有多少可以犹豫和等待的历史机遇，必须在网络信息化浪潮中轻装前进、迎头追赶，通过互联网发展和治理不断缩小与西方发达国家的"数字鸿沟"，变后发劣势为互联网发展的"后发优势"，最大程度实现网络信息化推进经济社会现代化的积极效应，为社会主义经济建设和社会主义生产力发展注入新动能。第二，中国越南充分发展网络信息化之后，技术形态、经济形态、政治和文化形态均发生了质变和飞跃，呈现出了信息化条件下的社会主义新特征新优势，迎来了社会主义事业发展的新契机，有力地驳斥了社会主义国家与网络信息化"无缘"的论调，赢得了国际社会的认可和尊重。中国越南（尤其是越南）在互联网治理上的创新和成效给世界社会主义运动注入了新的生机和活力，充分证明社会主义国家甚至是社会主义小国通过艰辛探索和不懈努力也有机会追赶信息化浪潮，获得新科技革命和互联网治理领域的骄人成绩。世界社会主义运动在网络时代依然焕发出勃勃生机，具有强大的适应性和生命力。相反，另一个社会主义国家朝鲜在较为复杂的地缘政治和国际关系环境中，为了最大限度抵御西方国家的政治渗透和干涉，选择了断绝与国际互联网连接的方法（朝鲜的400万网民使用局域网"光明网"，该网与国家互联网不连接）。虽然在一定程度上暂时降低了朝鲜政权受到外部渗透的风险，但是也丧失了互联网产业发展和经济社会进步的重要动力，从长远来看消极影响比较大。第三，面对西方资本主义国家在互联网领域的优势地位和渗透攻势，不存在任何回避的空间和可能，必须勇于直面问题，正视短板不足，积极应对挑战。融入信息全球化大潮，在技术、管理、资本、文化等各个层面，根据现有资源和基本国情，采取有针对性的反制措施，增强驾驭和发展信息技术的硬实力和软实力，扭转制度竞争中的被动局面，维护国家政权安全、意识形态安全和信息安全。

8.1.2　推进社会主义国家治理能力现代化

　　从全球范围来看，通过信息化水平来衡量国家现代化程度成为国际标准，两者之间具有高度的正相关关系。信息化水平高则证明现代化水平高，现代化水平高的国家其信息化水平一定居于前列。换句话说，没有哪个发达国家是信息化水平滞后的国家，也少有哪个综合实力靠后的国家能够进入信息化的国际先进行列。《2016 年全球信息技术报告》显示，排名信息技术前 20 强的国家和地区中，均为高收入经济体，而信息技术水平倒数 10 名的经济体大多数在非洲，乍得、布隆迪和海地处于参评的 139 个国家和地区的最后。①

同样，国家治理现代化，离不开对互联网的认识、运用和治理。"没有信息化，就没有现代化"。当前互联网与国家治理息息相关，互联网为公众参与国家治理赋予了技术权力和技术手段，同时，推动了国家治理效能的提升。② 蓬勃发展的互联网政治生态、社会生态和文化生态已深刻影响国家治理的策略理念，为数不少的国家治理面临前所未有的挑战与机遇。

中国越南作为相对落后的发展中国家，推进国家治理体系和治理能力现代化的任务极为繁重。国家治理体系和治理能力现代化，需要以网络信息化为支撑，对传统管理体制和管理方法实现根本性的超越和系统性的变革。③ 因此，在网络信息化条件下，两国没有回避互联网发展和治理中的问题和矛盾，而是大力发展信息科技，不断探索互联网治理的理念、模式和策略，不同程度地通过互联网治理推动经济社会现代化的步伐，在发展中国家中成为信息化建设和国家治理的典范，取得了较为瞩目的成绩。反之，如果无视互联网发展对国家治理提出的挑战和要求，就会在信息全球化的浪潮中落伍、淘汰，在信息来源多样化对思想统一的挑战、信息传输快捷化对管理层次的挑战、信息影响复杂化对社会控制的挑战、信息处理智能化对组织结构的挑战等问题面前手足无措，应对失当，不仅不利于推进现代化进程，反而会丧失网络信息化带来的发展红利，影响国家安全、社会稳定和经济发展，甚至导致现代化进程出现重大挫折

---

① 中商情报网：《全球信息技术发展水平排名公布：新加坡第一中国名列 59》，http：//www. askci. com/news/hlw/20160715/22090942361. shtml，2016－07－15。

② 卢永春：《钟海帆：互联网与国家治理现代化》，人民网，http：//yuqing. people. com. cn/n/2015/1111/c364056－27802056. html，2015－11－11。

③ 宋方敏：《互联网时代的国家治理》，《红旗文稿》，2015 年第 10 期。

和中断流产。

从中国越南的互联网治理历程来看，广大发展中国家需要在互联网技术发展和应用上实现重大突破，发挥好互联网对国家治理体系和治理能力现代化的推动作用。

一方面，以互联网良性治理推进新科技革命和新技术革命。科学技术是第一生产力，毫不夸张地说，信息科技是 21 世纪牵引经济社会现代化进程的火车头。任何国家如果不想在现代化的征程上落伍，必须赶上信息科技引领的新科技革命浪潮。中国越南的经历已经生动地证明了这一点。作为互联网领域的后发国家，必须在政府的主导下制定宏大的发展规划，加大对信息技术领域的投入，不断给予资金支持和政策倾斜，大力进行互联网基础设施建设和覆盖，逐步发展壮大互联网信息产业，培养和储备信息科技人才，为信息技术快速进步营造良好的硬环境和软环境。同时，充分利用互联网产业发展的成果，活跃市场经济，降低交易成本，改善人民生活。在此基础上，根据信息科技发展日积月累的优势和长项，重点攻关、以点带面，实现关键技术领域的重大突破和升级换代，打破西方发达国家的技术垄断，获得核心信息技术的自主知识产权和控制权，最终凭借后发优势和迭代速度，形成对互联网先发国家的超越，为国家治理现代化注入强大的信息科技动力。

另一方面，以互联网良性治理推进国家治理方式创新变革。互联网治理与国家治理具有高度的同构性，其顶层设计能力、社会化能力和协同化能力直接体现国家治理能力和水平。[1] 同时，互联网对传统国家治理思维、治理体制和治理手段带来了挑战，这就要求党和政府不能继续局限在过去的窠臼中，而是不断掌握和运用互联网新工具推进国家治理方式与时俱进、创新变革。比如，过去中国越南是典型的"自上而下"的政治动员模式，互联网普及率不断提高之后，网民的政治参与热情空前提高，通过互联网进行政治监督、舆论监督、发表意见建议，成为国家政治生活的新常态。在此情形下，党和政府决不能闭

---

[1] 张志安、吴涛：《国家治理视角下的互联网治理》，《新疆师范大学学报（哲学社会科学版）》，2015 年第 5 期。

目塞听、"一封了之"，除了打击极少数网络犯罪和政治颠覆行为之外，应当积极畅通互联网渠道，作为反映民意、汇集民智的新平台，加强与网民的活动交流，建立良好的反馈机制，不断增强网民的认同感和政权的合法性，防范网络异见和网络泄愤演化为现实社会运行的系统性风险。又如，中国越南的网络社会治理中逐渐体现出一种与过去不同的多元主体、协同共治的理念。因为与传统的社会管理模式不用，在网络社会治理中，尽管党委政府的领导、负责角色无法替代，但是要越来越多地照顾到网民、企业和社会组织的权益和利益诉求，通过比较充分的制度供给处理多元主体之间的矛盾和摩擦，实现多主体的共赢局面，维护社会稳定，促进社会发展。

总之，社会主义国家应当把互联网治理作为国家治理的有效动能，高度重视技术创新、市场驱动和多方协同在国家治理中扮演的角色和作用，加快建设具有社会主义国家特色的互联网治理体系，助推实现国家治理能力现代化。

8.1.3 支持世界社会主义运动和进步力量

以中越为代表的社会主义国家互联网治理效果不仅仅在国内从技术领域、经济领域向政治领域、文化领域扩展，同时具有重要的全球"外溢效应"，在世界范围内彰显社会主义的制度优势和体制优势，形成积极的舆论影响和舆论导向，支持世界社会主义运动发展和进步力量壮大，有效遏制西方资本主义网络霸权和文化霸权的扩张。

首先，中越的互联网治理成效彰显社会主义国家的技术优势和制度优势。中越的互联网发展和治理成效显著，无论是从网民人数、信息技术、信息经济，还是从治理体制、治理手段来看，中越都成为社会主义国家和发展中国家的佼佼者。西方国家对越南互联网发展前景十分看好，跨国互联网企业纷纷落户越南，进行投资和生产。而英国媒体甚至认为，"中国互联网发展超越西方已成事实"。① 中越的互联网企业"走出去"步伐加快，已经能够积极参与国际竞争并抢占一部分市场份额。作为互联网后发国家，两国信息科技进步和信息产业发

---

① David Robson, *Why China's Internet Has Overtaken the West*, BBCNews, 2017 – 03 – 17.

展更深刻地揭示出了社会主义国家的制度优势和体制优势。事实证明，正是在独特的社会主义制度安排和治理模式下，中越才能排除一切干扰，制定和落实互联网发展规划，集中力量发展信息技术，通过有效治理维护社会稳定，在广大发展中国家中脱颖而出，成为互联网世界的"模范生"。因此，只要掌握了互联网发展规律，采取合理的治理模式，进行坚定不移地创新变革，社会主义在信息时代的 21 世纪照样具有强大的适应性和生命力。毫无疑问，中越的实践有力驳斥了西方学者宣扬的"历史终结论"和"社会主义与信息化冲突论"，成为社会主义技术优势和制度优势的生动诠释。

其次，中越的互联网治理成效提振社会主义国家的战略信心和战略定力。苏联解体东欧剧变以来，世界社会主义运动进入低潮，中国、越南、老挝、朝鲜、古巴结合各自国情在社会主义道路上努力探索。但是，社会主义国家的国内党内一部分人理想信念动摇，对社会主义的前途悲观失望，丧失了战略信心和战略定力。而中国越南互联网治理取得的成效以及国际社会对此的肯定，一定程度上改变了经济社会状况，扭转了舆论被动态势。中国特色社会主义的欣欣向荣和中国特色互联网治理模式的成功鼓励了社会主义国家和广大党员干部，提振了对社会主义道路、制度的基本自信。尤其是越南作为一个经济社会基础十分落后的国家，能够通过高度重视信息技术发展，实现信息产业振兴和经济转型升级，对老挝、朝鲜、古巴等处于相似发展起点和经济社会基础的社会主义小国来说，具有极为重要的参考价值和借鉴意义。对全世界广大发展中国家来说，中越的飞速发展进步让它们看到前景和希望，也认识到以互联网良性治理推进经济社会现代化进程具有现实可能。

第三，中越的互联网治理成效对世界社会主义运动和进步力量提供支持。西方发达资本主义国家利用技术霸权、制度霸权和文化霸权实现了对互联网世界的基本掌控，形成了不利于广大发展中国家和进步力量的全球互联网治理秩序，进一步强化了跨国资本的垄断地位。然而，次贷危机、难民危机、治理危机和逆全球化浪潮等一系列现实昭告全球，资本主义贪婪自私的生产体系、管理体系和文化体系将难以为继，资本主义的系统性危机和制度性衰退在信息时代更真切地呈现在数以亿计网民的面前，引发对资本主义全球体系的批判性思考。与此同时，世界更加看好以中国为代表的新兴力量和发展模式，寻求为建立人类命运共同体提供崭新的替代性方案。而中国越南互联网治理的积极成效充分论证了有别于西方资本主义治理模式的现实可行性，尤其是对社会主义国家和广大发展中国家的有效适用性。这对反对资本主义国际霸权的世界社会主义运动和进步力量而言都是难能可贵的现实成就和精神动力，在舆论上和心理上支持了全球民主进步力量的发展。而且在互联网治理过程中，中国代表广大发展中国家和新兴经济体，积极反对西方的网络霸权、文化霸权，促进发展中国家成立互联网治理国际阵线，改变不利于发展中国家权益的全球互联网治理秩序和规则，更加有利于世界朝着国际关系民主化和发展模式多元化的方向进步。

8.2　互联网治理要符合基本国情，掌握治理规律

互联网治理绝不是一项单纯的技术性工作，也不是在"真空"的条件下进行的，它必须与国家经济社会发展水平相适应，受政治、文化、技术、制度等多种因素制约。因此，并不存在所谓的互联网治理"普世"方法，也没有放之四海皆准的互联网治理模式。西方发达国家互联网治理模式根植于西方经济政治文化社会土壤，照搬照抄到社会主义国家、发展中国家往往会"水土不服"。从中越两国互联网治理的实践来看，均十分清醒地认识到这一问题。

8.2.1　准确把握互联网治理的世情国情党情

习近平总书记说："鞋子合不合脚，自己穿着才知道。"[1] 一个国家的发展道路和治理模式合不合适、满不满意，最有发言权的生活其中的人民。同样，一个国家的互联网治理实践不能以其他国家的标准、模式来衡量和评判，而是必须与该国家所处的时代环境、基本国情、制度体系相适应，才能达到互联网

---

[1] 《习近平谈治国理政》，外文出版社，2014 年版，第 25 页。

善治的结果，得到人民的欢迎和拥护。"削足适履""不接地气"的互联网治理模式无疑是对世情国情党情的违背。总的来看，中国越南在准确把握世情国情党情的基础上，走出了一条独特的、较为成功的互联网治理之路。

第一，国际环境对发展中国家互联网治理带来新挑战。国际环境是发展中国家互联网治理必须考虑的重要外部因素，一定程度上影响了互联网治理的发展方向和政策选择。在网络信息化时代，发展中国家置身的国际环境突出表现在：一方面，世界"数字鸿沟"持续加大。《2015 年全球信息技术报告》称，信息技术发展和应用水平的差距不断加大是当今世界各国之间的不争事实。自2012 年以来，排名前 10% 的国家进步幅度是后 10% 的两倍。① 发展中国家在互联网基础设施建设、制度建设和治理能力建设上与发达国家的"鸿沟"日益加深扩展。伴随"数字鸿沟"加大的必然是"发展鸿沟"的加大和南北差距的扩大，将导致数以亿计的人口面临"数字贫困"，与信息技术发展带来的巨大经济社会红利失之交臂，这一趋势已经在世界范围内引发高度关注。另一方面，网络安全受到的威胁持续加大。伴随着互联网的渗透率不断提高，国家政治经济文化社会等各个领域均与互联网发展息息相关，与互联网安全高度关联。然而，由于技术弱势、发展滞后和治理局限，发展中国家往往是某些发达国家、跨国集团、黑客组织、恐怖势力网络渗透的主要对象，成为情报窃取、政治渗透的受害者，经济安全、文化安全、主权安全受到隐蔽但却直接的损害，增加了非传统安全的压力和国家安全的不确定性，亟待国际层面的共同合作和联合行动，"携手构建网络空间命运共同体"。中国越南作为发展中国家中互联网治理成绩"抢眼"的代表，能够准确把握"数字鸿沟"和网络安全的形势与特点，在互联网发展和治理中有效侧重、积极关注，两国党和政府具有十分出色的前瞻性和敏锐性。

第二，基本国情对发展中国家互联网治理赋予新特点。如前所述，发展中国家的基本国情和典型特点就是经济社会文化科技等诸多领域的"不发达"或

---

① 新华网：《世界"数字鸿沟"持续加大》，http：//news. xinhuanet. com/info/2015 - 04/17/c_ 134158597. htm，2015 - 04 - 17。

"欠发达"。这种"不发达"或"欠发达"的状态在互联网发展领域的方方面面呈现出来，直接影响甚至决定了互联网治理的理念、模式和策略。比如，发展中国家信息科技水平比较滞后，在信息技术竞争较量中始终处于下风，因此，获得核心技术的自主权、维护国家网络主权和网络安全成为发展中国家萦绕不去的心结。党和政府不遗余力集中人力物力资源发展信息科技，实现模仿、追赶和超越，成为一些国家的代表性特征。所以，发展中国家往往并没有发达国家在信息技术领域中表现的那么"超脱"，还经常被发达国家指责"技术窃取"和"侵犯知识产权"。又如，发展中国家互联网治理经验十分缺乏，主要依靠市场机制和社会机制进行互联网治理的条件也不成熟。必须通过强有力的集中统一领导，才能有效推进互联网发展和治理，故而发展中国家的执政党和政府的作用始终左右全局、无法替代。从中国越南的实践来看，依然处于如何更好地整合互联网治理行政资源、更快捷地提高互联网治理效率、更有效打击互联网违法行为的阶段，与西方发达国家的"后现代治理模式"尚有一段距离。而中国越南的这种实践，又是基于发展中国家基本国情的最理性选择和最适合模式。

第三，政情党情对发展中国家互联网治理提出新要求。发展中国家在迈向现代化的过程中一定要确保政治的稳定性和延续性，否则政治动荡、政局不稳将阻碍甚至阻断现代化进程。互联网的典型特点就是求新求变求快，这在发展中国家的现代过程中催生动力和革新，同时带来不确定性和巨大变数。因此，发展中国家的执政党必须将互联网对有序政治参与的积极影响发挥出来，同时，通过互联网治理限制其不确定性和冲击力，最大限度维持政治体系的正常运转和政治格局的稳定均衡。尤其在"老党""大党"长期执政的社会主义国家，更是要牢牢把握互联网领导权和话语权，不断加强和巩固党的执政地位，防止互联网发展导致执政党的权力的弱化和分散，最终威胁现有的政治体系和权力结构。中国共产党和越南共产党是两国社会主义事业的领导核心，充分认识到互联网发展对党的执政安全带来的"新变数"，从本国政治稳定、社会发展的实际情况出发，积极稳妥地实现互联网善治。但是，近年来发展中国家执政党因互联网治理不善的教训也比较深刻。2011 年的"阿拉伯之春"中，在西方国家"网络自由"战略的攻势之下，以阿拉伯复兴党为代表的多国执政党丧失互联网控制权，被西方政治输出、网络渗透阴谋击倒，国内多方政治势力趁机利用互联网进行政治动员和政治炒作，最后导致政局动荡、政权更迭，直到目前为止利比亚、埃及、也门等国家依然处于局势失控、民生凋敝的境地，就是最好的事实证明。同样，在多国的"颜色革命"中，也可以看见互联网扮演微妙角色的身影和这些国家执政党的应对失当、治理失败，结果带来政局重大变化，政权一度蜕变。因此，从长期执政和政治稳定的角度来看，中国越南执政党的互联网治理选择具有不可否认的现实合理性和必要性。

8.2.2 不照搬照抄西方国家互联网治理模式

不可否认，在作为新科技革命成果的互联网及其治理实践上，西方发达资本主义国家尤其是美国具有无可争议的领先性和话语权。但是，这种领先和主导并不能证明其互联网治理理念、模式和策略就一定适用于广大发展中国家。相反，如果不充分考虑具体的国情因素，一味照搬照抄发达国家互联网治理模式，将其生硬"复制""嫁接"到本国互联网治理实践中来，轻则导致互联网发展受阻，互联网治理失序甚至失败，重则导致国家网络主权和网络安全受损，甚或危害社会稳定和政权安全，给国家和民族带来灾难性后果也并非危言耸听。以中越两国的互联网治理为参照，我们发现，西方发达国家互联网治理模式与发展中国家之间的"失调"和"排异"主要存在以下几方面：

一是西方发达国家的网络发展阶段与发展中国家不同。20 世纪 60 年代，出于冷战的需要，美国国防部研发了用于连接各台电脑主机之间的网络，成为互联网的雏形。20 世纪八九十年代之后，以美国为代表的西方发达资本主义国家互联网迅速发展，进入民用领域，走进千家万户。而以中国越南为代表的发展中国家起步均比较晚（20 世纪 90 年代中后期以来连接国际互联网），与发达国家相比存在较为明显的"代差"和劣势。因此，发达国家占得互联网发展先机，取得了互联网竞争较量上的制高点和控制权。21 世纪以来，当发达国家互联网发展和治理转型升级的时候，大多数发展中国家还在基础设施建设、互联网技术发展、互联网经济萌芽上"补课""补缺"，很难与之相提并论、单纯模仿。一方面，发展中国家互联网发展基础薄弱，缺乏发达国家互联网治理模式"落地生根"的技术条件和制度土壤,如果生搬硬套,会显得与本国实际情况格格不入、难以见效。另一方面,西方发达国家尤其是美国利用先发优势大搞网络霸权主义,利用互联网新工具、新手段推动政治输出、民主输出,干涉发展中国家内政,影响政治走向,实现战略利益。因此,广大发展中国家如果践行"网络自由"主张,对互联网治理"不设防",就等于把国家安全和国家利益的"命门"交到了西方资本和西方强权的手中,将被彻底置于被动挨打的境地。

二是西方发达国家的社会自治传统与发展中国家不同。西方发达国家有较为浓厚的社会自治传统,社会组织比较活跃,公民意识比较浓厚,市场机制比较发达。因此,围绕互联网发展和治理带来的利益和弊端,形成了政府、公民、组织和企业等行为主体共同关注、多元共治、契约保障的良好局面。尤其是公民和社会组织能够积极参与到互联网治理实践中来,形成政府治理之外的良性互动力量,成为围绕互联网发展和治理多方利益有序博弈的参与者、协调者,保证多方共赢、相对均衡的局面得以维持。而这一前提在广大发展中国家则比较稀缺。以中国为例,近年来中国社会组织大量涌现、数量激增,在社会治理中扮演了重要角色,但是与发达国家相比依然显得数量偏少、质量不高(2016年中国依法登记的社会组织有67万个①,而2012年美国登记在册的非营利组织达170万个)。此外,中国老百姓的社会参与意识、公共服务理念和契约精神提升的空间也很大,尤其是网民的整体信息素养、健康上网习惯还在持续的提高和塑造过程中。就中国代表的发展中国家而言,在特定的历史发展阶段中积极有效的社会参与比较稀缺,亟待强有力的政府规划方案、制定政策、发展技术、约束行为,主导整个互联网治理实践。因此,希望一开始就形成多元共治的互联网治理格局,往往一厢情愿、难以奏效。

三是西方发达国家的市场机制主导与发展中国家不同。西方发达国家均是较为成熟的市场经济国家,市场机制主导互联网发展和治理成为一条主线,即"经济冲动"和利益追逐是西方国家互联网发展进步的不竭动力和源泉。即便是

---

① 新华网:《中国依法登记的社会组织已达67万个》,http://news. xinhuanet. com/politics/2016－08/30/c_ 129263079. htm,2016－08－30。

互联网发展出现了弊端和问题，政府在治理的过程中也要更充分地照顾企业的利益和经济诉求，不能随心所欲地遏制甚至禁止互联网发展和革新。与此不同，虽然广大发展中国家在互联网发展过程中有发展经济的强烈冲动，但更为重要的则是"赶超冲动"，是通过网络信息化实现现代化、摆脱被宰制地位的目标驱动。这种"赶超冲动"不以单纯的经济利益为导向，不受一成不变的市场机制左右，根植于发展中国家普遍相对落后的现实和对安全稳定环境的珍视，因此政治目标、稳定目标往往会压倒经济目标、利益目标成为理所当然的首选。就中国越南而言，在党和政府的领导下进行互联网治理，维护网络安全、摆脱被动状态、实现技术赶超是"硬道理"，而经济目标与此相比仅仅处于从属的地位。尤其是在政权安全受到威胁、社会稳定受到冲击等特殊情况下，党和政府通过干预甚至抑制市场机制实现互联网治理的政治目的往往在所难免。

8.3　加强党的互联网执政能力建设

互联网从20世纪90年代以来，成为中越两党执政中出现的"全新变量"。中国越南作为共产党执政的社会主义国家，面临着网络信息化条件下维护党的执政安全和意识形态安全的全新挑战和压力。习近平指出："过不了互联网这一关，就过不了长期执政这一关。"[①] 中共要求党员领导干部要积极树立互联网思维，善于运用互联网开展工作。越共要求领导干部具有"较强的分析处理信息的能力"和"必备的网络信息化知识"。[②]

执政能力一般是指以执政党为主体、以国家权力系统为客体的执政党执掌国家政权的能力。[③] 中越两国的实践证明，加强互联网时代党的执政能力建设，

① 新华网：《习近平主持召开党的新闻舆论工作座谈会》，http://www.xinhuanet.com/politics/xjpzymtdy/index.htm，2016 - 02 - 19。
② 山东大学政党研究所课题组：《全球化信息化条件下越南共产党组织发展趋势研究》，《当代世界与社会主义》，2008年第1期。
③ 黄相怀等：《互联网治理的中国经验：如何提高中共网络执政能力》，中国人民大学出版社，2017年版，第1页。

不断提升党的用网治网水平，有效防范和应对互联网的政治风险、社会风险，是关乎党的执政长期性、稳定性的重大战略抉择。

8.3.1 不断提升党的用网治网水平

要"善治"互联网，更要"善用"互联网，绝不放过通过互联网运用提升党的执政能力和执政水平的任何契机，不断推进用网治网能力和管党治党水平再上新台阶。

首先，提升党通过互联网进行科学决策的水平。在国内国际形势复杂变化的情况下，如何进行科学决策是对党执政能力的艰巨考验。而互联网的出现，为党和政府更好地搜集信息、研判信息、做出决策提供了一定的便利条件。但是，互联网上"信息堆积"无处不在，垃圾信息、错误信息对科学决策有害无益。通过互联网进行科学决策，党和政府应当做到以下几点：一是建立党和政府的大数据决策系统，进行互联网大数据建设规划，构建大数据建设和保护的法律法规体系，形成有利于通过大数据进行科学决策的体制机制。二是建立从中央到地方完备的大数据搜集体系，对经济社会发展数据进行海量汇集、深度挖掘、精确分析，形成经济、政治、社会、文化、生态各个领域有价值的大数据分析报告。同时，加强大数据、物联网、云计算等领域的人才队伍建设，提供有力的人力资源保障。三是促进信息在跨部门、跨区域之间的共享，打破"信息保护主义"，实现对有效信息价值的充分利用。总之，党要适应互联网时代的决策特点，利用互联网平台进行充分准确的大数据分析，最大限度地避免决策的随意性和不确定性，增强决策的针对性和科学性，为党的执政提供强有力的信息化支撑。

第二，提升党通过互联网团结服务群众的水平。互联网为党团结服务群众提供了新手段新渠道。党要积极发挥好利用好互联网的快速便捷、精准高效的特点，改进工作方式方法，创新工作载体手段，更好地实现全心全意为人民服务的根本宗旨。一是积极利用互联网联系群众。将党的主张、政策、建议更多地上网宣传，采用群众喜闻乐见的方式不断扩大受众面，提高渗透性。同时，引导群众以理性健康的方式上网提出意见建议、表达利益诉求，扩大群众的积极性和参与性,①与群众更多地进行网络互动,增强群众的主人翁意识和互联网主体地位。提升在网络空间进行议题设置的水平,鼓励群众就某些问题发表意见、提出建议,畅通党团结和联系群众的媒介渠道和问题领域。二是积极利用互联网服务群众。通过网络问卷、网络调研、舆情监测等方式汇集民智民意,更加精准地定位和把握群众诉求。同时,寻找通过快速、便捷、高效的"互联网+"途径解决问题的可能性和可行性,运用互联网手段更快更好地汇聚力量,在精准扶贫、网络营销、网络教育、远程会诊等方面更好发挥互联网服务群众的功能,切实为群众排忧解难,不断增强群众的获得感和满意度。

第三,提升党通过互联网推进反腐倡廉的水平。网络时代的信息流动、监督力度和舆论局面对党的反腐倡廉建设提出新挑战新要求,网络监督和网络反腐成为近年来廉政建设的新常态。因此,党要不断创新互联网条件下反腐倡廉的机制、平台和手段,本着"开门办纪检"的精神,发挥群众和社会力量参与反腐倡廉的正面作用,积极畅通群众监督之门、舆论监督之门和网络监督之门,对权力运行进行更加有力的监督和制约。将职能机构反腐与网络反腐结合起来,发挥新技术新媒体的作用,形成无处不在的监督网。②不断整合互联网举报途径,畅通互联网举报平台,鼓励网民进行网络检举和控诉,最大限度在发现和利用有效举报线索。纪检监察干部要学网、懂网、用网,对网上信息进行搜集、分析、研判和应对、处置、引导,做好反腐倡廉网络舆情信息工作。同时,应当善于通过互联网平台,利用微博、微信、微视、客户端等各种新载体新形式,采用鲜活生动的方式(廉政动漫、廉政问答、廉政视频等),开展反腐倡廉教育,宣传党进行廉政建设的积极成效,传播党规党纪和法律政策,进行违法违纪案例剖析和警示教育,不断提升全党全社会的廉洁意识,形成有效遏制腐败的有利社会舆论氛围和网络舆论氛围。

最后,提升党通过互联网开展社会治理的水平。社会建设是"五位一体"

---

① 程玉红:《网络时代的政治参与和政党变革研究》,知识产权出版社,2013年版,第47页。

② 《王岐山在十八届中央纪委五次全会上的工作报告》,新华网,http://news. xinhua-net. com/2015 - 01/29/c_ 1114183996. htm,2015 - 01 - 29。

总体布局中的重要组成部分，事关"两个一百年"战略目标的实现。目前，中国形成了党委领导、政府负责、社会协同、公众参与、法治保障的社会治理新格局。其中，加强和创新党对虚拟社会的治理，同时，通过互联网开展新型社会治理，是网络时代的题中应有之义。一是要善于通过互联网进行"网格化"社会治理。通过各种渠道搜集汇总分区域、分街道、分社区、分单元的信息数据，涉及生产生活、人口流动、社会治安等方方面面，形成社会治理大数据，进行实时分析、动态管理和及时评估，精准发现社会治理中存在的问题和漏洞，组织力量有效化解矛盾和风险。二是要善于通过互联网进行"柔性化"社会治理。运用各种网络机制与治理对象有机联系起来、对接起来，更加灵活地宣传政策、提醒事项、开展服务，将不同利益诉求和要求主张在一定的网络空间进行讨论和辨析，利用互联网进行不同群体之间的信息维系、价值维系、情感维系，产生社会运行的"安全阀"作用，形成维持社会和谐有序的最大公约数，减少社会治理成本，增加社会治理成效。

8.3.2 增强防范互联网风险的能力

以互联网为代表的信息网络技术迅猛发展，在推动工业社会向信息社会转型的过程中已经日益显现出其对发展中国家社会政治生活的深刻影响，对植根于传统工业社会的党的执政方式、执政能力提出了新的挑战。[1] 这一挑战要求执政党保持战略清醒，克服信息时代"本领恐慌"，增强防范互联网风险的能力，防止因为治网不利出现重大系统性危机。

首先，增强有效防范互联网意识形态风险的能力。意识形态是一整套价值体系、分析框架和解释工具，是党执政的重要政治资源和软实力。在互联网时代，传播主体多元化，舆论生态复杂化，"巩固马克思主义在意识形态领域的指导地位，巩固全党全国人民团结奋斗的共同思想基础"[2] 的难度日益加大，意

---

① 薛小荣、王萍：《网络党建能力论：信息时代执政党的网络社会治理能力》，时事出版社，2014 年版，第 1 页。

② 人民网：《胸怀大局把握大势着眼大事　努力把宣传思想工作做得更好》，http：//politics. people. com. cn/n/2013/0821/c1024 - 22635998. html，2013 - 08 - 21。

识形态建设面临较为突出的风险。从外部来看，西方国家利用互联网技术优势，通过代理服务器、"网络马甲""定制内容""精准传播"等形式，向国内推送输入各种"思想产品"，宣扬普世价值、宪政民主、新自由主义、历史虚无主义、享乐主义等西方资产阶级价值观，与共产党"争夺阵地、争夺人心、争夺群众"，甚至"指鹿为马，三人成虎"，"搞乱党心民心"①。从国内来看，在"经济体制深刻变革、社会结构深刻变动、利益格局深刻调整、思想观念深刻变化"的大背景下，互联网意识形态多元多样多变，出现了一些与主流意识形态格格不入甚至完全背离的网络言论和观点舆论，动摇社会主义信念，危及党的执政安全。执政的共产党必须认识到，一个政权的瓦解往往是从思想领域开始的，政权更迭一夜之间发生，但思想演化是个长期过程。思想防线被攻破了，其他防线就很难守住。因此，党要不断增强有效防范互联网意识形态风险的能力。具体而言，一是要不断扩大主流意识形态的传播阵地，善于利用各种新媒体平台进行思想宣传。加强和创新"三微一端"（微信、微博、微视和客户端）的使用，不断提高党的宣传阵地的覆盖面、吸引力、感召力。② 二是要敢于在互联网平台上与形形色色的错误观点和思潮做斗争，勇于旗帜鲜明地亮剑，表明党的立场和观点，深刻揭露、批驳某些思想舆论的政治本质和现实危害。三是要以更加灵活多样的方式开展舆论斗争和思想宣传，打造易于为国际社会和国内网民所理解和接受的新概念、新范畴、新表述，用"讲故事"的方法来亲近人、吸引人，用理论和思想的力量来感染人、征服人。③ 正如政治学家罗斯金所说，"当理念变得更加实用、更为现实，意识形态就成为一个重要的凝合剂，能够把各种运动、党派、革命团体都聚合起来。"④

其次，增强有效防范互联网政治渗透风险的能力。除了互联网意识形态领

---

① 人民网：《胸怀大局把握大势着眼大事 努力把宣传思想工作做得更好》，http://politics.people.com.cn/n/2013/0821/c1024-22635998.html，2013-08-21。

② 程玉红：《网络时代的政治参与和政党变革研究》，知识产权出版社，2013年版，第147页。

③ 阚道远：《提高网络时代的政治鉴别力》，《红旗文稿》，2016年第16期。

④ ［美］迈克尔·罗斯金等：《政治科学》，林震等译，华夏出版社，2001年版，第105页。

域之外，党还应当增强有效防范互联网政治渗透风险的能力。第一，在信息安全上，我们面临着西方前所未有的压力。美国近年来策动了"棱镜""大道""船坞"和"核子"等四个全球监控项目，对目标对象国进行信息渗透和信息窃取，广泛涉及到政治经济、社会文化各个领域，无孔不入，手段隐蔽，带来了极大的信息安全隐患。第二，在政治动员上，西方使用了一些新招数新伎俩，通过推特、脸谱等互联网新媒体，在民众中开展互联网政治动员，对目标对象国进行渗透，煽动反对派聚集、串联，帮助反对派进行互联网宣传和舆论支持，实现政权更迭，达到美国的战略利益。第三，在军事安全上，网络战成为新的战争类型，甚至能够直接左右战争胜负局面。网络空间成为继陆、海、空、天之后的第五空间，深刻影响一国的军事国防安全。美国等发达国家陆续组建网络战部队，准备在军事斗争中利用"制网权"一招制胜。基于此，互联网政治渗透风险已经成为影响一国政权稳定的"重要变量"。在新的互联网安全条件下，为了最大限度降低这些风险，党应该不遗余力地做到：一是继续加大互联网技术转型升级，坚定不移推进实现网络强国目标，掌握互联网核心技术，有力把控互联网的关键和"命门"，实现对西方技术和西方设备的国产替代，有效防止信息泄密，维护信息安全。二是不断提升党和政府的互联网动员能力，更准确地把握互联网在政治动员中发挥的角色和作用，更有效地通过互联网进行"维护性""建设性"政治动员，加强对利用互联网进行政治煽动串联的危机处置能力。三是高度重视网络空间的军事力量建设，建设战力卓越的网络战部队，有力打击敌对势力对互联网主权的侵犯，掌握网络空间军事斗争的主动权，为打赢互联网条件下的新型战争做好充分的军事准备。

最后，增强有效防范互联网经济安全风险的能力。在信息时代，互联网深刻改变着经济业态和运行形态，成为"嵌入"经济发展和经济安全的重要因素。任何一个国家，要想保持经济健康平稳发展，就不得不高度重视互联网经济安全问题。就发展中国家而言，互联网基础设施相对薄弱，互联网安全环境比较令人担忧，日益兴起的互联网经济对整体经济发展的促进作用逐渐凸显，经济的外部依赖性又比较强。一方面，海量的经济运行数据和企业经营情况经由互联网统计、生成、传递、分享，其中蕴含了比较严重的经济泄密风险。尤其是西方国家善于通过信息窃取和大数据分析，有力掌握目标对象国的经济情报，给一国经济安全带来风险。另一方面，互联网经济和互联网产业在一国经济中的比重不断提高，对经济增长的贡献率不断增加。但是，互联网经济发展具有一定的周期性、规律性，如果处理失当，甚至会产生比较严重的"互联网泡沫"，会蔓延影响到实体经济发展，不利于经济健康平稳运行，容易引发经济风险和社会风险。因此，党和政府要增强有效防范互联网经济安全风险的能力。一是着力维护网络信息化条件下的经济信息安全。通过加强经济安全立法和经济安全教育，不断提升全党全社会的经济信息安全意识。通过技术升级、技术防范等各种措施，增强党政机关和企业的经济信息和数据运行的安全性，有效防止经济情报泄露。二是着力防止互联网经济波动影响经济整体发展。准确评估互联网经济在整个经济中的地位和作用，制定科学有效的互联网产业政策，根据经济运行情况适时进行动态调整，循序渐进地推进互联网产业发展，既不断提升互联网科技水平和产业水平，又有效防止投资"过热"和泡沫出现。

8.4　正视优势和问题，顺应互联网治理趋势

中国越南的互联网治理实践对社会主义国家和广大发展中国家具有重要的现实启示意义。同时，互联网发展的"迭代"优势、正在形成的"南南合作"局面和西方网络霸权的道德困境等因素给社会主义国家和发展中国家实现更好的互联网治理提供了新的时代契机。然而，以中越为代表的社会主义国家的互联网治理并非完美无缺，要深刻认识其存在的局限和问题，顺应互联网治理趋势，以发展的眼光积极布局互联网治理工作，取得更加主动的互联网空间战略地位。

8.4.1　充分利用互联网治理中的时代契机

尽管发展中国家在互联网发展和治理中处于相对弱势的地位，不少发展中国家正在不遗余力地"补缺""补课"，甚至乐于学习借鉴"西方经验""西方

模式"。但是，从中越的经验来看，如果发展中国家要登上信息技术高地，有效维护网络主权，摆脱受制于人的被动局面，乃至于改变全球互联网发展格局，就不能仅仅满足于跟在西方发达国家后面"亦步亦趋"，甚至重复他们互联网治理的"老路"，而是要大胆创新、勇于开拓，善于合作、敢于斗争，走一条发展中国家互联网发展和治理的"新路"。从发展大势来看，社会主义国家和发展中国家能够利用互联网治理的时代契机，扭转落后和被动的局面，主要理由如下：

其一，互联网发展的"迭代"优势提供了巨大契机。不可否认，目前在互联网技术和基础设施建设上，发展中国家处于普遍的落后境地，甚至与发达国家的"数字鸿沟"继续加大。但是，仅凭这一点并不能得出发展中国家的互联网治理注定落败的结论。因为，新科技革命尤其是信息技术革命，有其不同于传统技术发展的"非线性"特点。科学证明，线性作用仅仅是一种特殊现象，而非线性作用是事物变化发展的普遍规律。① 简单来讲，伴随着互联网发展的日新月异，"技术迭代"速度空前加快，传统的瀑布型开发局限日益暴露，西方发达国家目前的技术、制度、管理优势并不必然保证其后能长期居于互联网治理的"高地"。相反，只要发展中国家能够加大资源投入，加强技术和产业"孵化"，推进技术创新变革，实现重点领域突破，就极有可能用较少的成本、较小的代价获得互联网发展和治理上的长足进步，甚至化劣势为创新创造优势，这为发展中国家的"弯道超车"和"后来居上"提供了技术上的可能性。例如，中国的阿里巴巴、百度、腾讯等互联网公司敏锐捕捉新科技革命和商业革命动向，世界范围内的竞争力和影响力不断扩大，已经能与发达国家的互联网企业一争高下。又如，越南经过多年的互联网科技发展，技术水平上升到新的层次，近几年高质量、广应用、高效益的金融、交通、企业管理等软件陆续研发推广，互联网公司逐渐从生产产品向在全球范围内提供信息技术服务转变。②

其二，互联网治理中的"南南合作"局面正在形成。发展中国家人口占据

---

① 牛润霞：《迭代分析方法推进技术创新》，《学习时报》，2012 年 10 月 15 日第 7 版。

② 越南人民报网：《64 个信息技术产品及服务获越南 2017 年奎星奖》，http：//cn. nhan-dan. com. vn/society/science/item/5014701 - 64 个信息技术产品及服务获越南 2017 年奎星奖 . html，2017 - 06 - 02。

全球的大部分，发展中国家在互联网治理中的利益诉求应当被普遍重视，不应当被"刻意忽略"。前面提到，发展中国家之间在互联网治理的基础条件、国际环境、国内状况等方面具有诸多共同点和相似性，面临互联网发展和治理的艰巨任务，具备开展合作的先决条件。尤其是近年来西方发达国家利用信息技术优势加大了对发展中国家的政治干预、经济剥削、文化渗透，引发了发展中国家的担忧和不满，要求建立国际互联网治理新秩序的呼吁日益加大。以中国巴西等国为代表的新兴经济体发展迅速，利用各种国际场合揭露西方国家尤其是美国网络霸权的实质和危害，主张推动制定各方普遍接受的网络空间国际规则，提供了发展中国家合作的纽带。同时，中国越南等发展中国家在互联网治理上的成功经验，为广大发展中国家提供了"中国方案"和"中国模式"，成为"西方模式""西方套路"之外的更好选项、更优选择。以中国的"一带一路"为代表的国际合作项目，着力加强沿线发展中国家互联网基础设施建设、互联网治理水平、网络安全保障和人力资源培训，将产生日益显著的辐射效应和带动作用，为发展中国家互联网发展和治理水平的整体提升创造了更新更好的机遇。

其三，西方发达国家的网络霸权必将走进"死胡同"。网络霸权是西方国家强权在互联网空间的延伸，也是不公正、不合理的国际秩序的组成部分。西方发达国家利用互联网信息技术的先发优势，进行信息窃取、政治干预、文化渗透等活动，以便掌控发展中国家的政治经济命脉，更好地实现本国的战略目标和国家利益，而将广大发展中国家以"信息鸿沟"隔离开来，置于"数字贫困"的境地，其本质上是对发展中国家人民生存权、发展权的无视和侵害。针对美国继续控制互联网名称与数字地址分配机构（ICANN）的情况，就连美国学者也尖锐指出："将国家主权与国家不该拥有的全球权力结合起来是极其危险的。"[1] 因此，网络霸权在国际道义和政治伦理上完全站不住脚，也遭到越来越多的国家、国际组织和有识之士的反对。同时，网络霸权行为从西方发达国家

---

① ［美］弥尔顿·L.穆勒：《网络与国家：互联网治理的全球政治学》，上海交通大学出版社，2015年版，第55页。

"权利本位""利益本位"出发，相当局限、偏狭和自私，所建立起来的互联网发展和治理秩序、规则、制度难以为互联网全球良性治理提供合适的解决方案，无法消解世界各国在互联网治理问题上的摩擦和冲突，反而会导致更多的互联网攻击行为和国际争端，给世界和平与发展带来危害。甚至西方发达国家之间也因为网络监控、网络渗透频频产生矛盾和问题，将网络霸权的真面目暴露无遗。所以，发展中国家有机会在消解西方网络霸权中扮演更加重要的角色，为全球互联网治理提供更符合广大发展中国家利益和更有利于世界和平与发展的替代方案。

8.4.2　准确把握互联网治理中存在的问题

从中越互联网治理的实践来看，目前两国的主要做法能够符合基本国情，维护网络安全，推进信息化建设，促进国家治理现代化。但是，毕竟中越属于发展中国家，在经济社会发展层次和发展水平上与西方发达国家还有相当差距，理念、体制、管理等方面的局限和问题在所难免。而且，互联网发展和治理代表着人类科技水平、管理水平的最新领域和最高层次，其发展变化的速度、节奏、趋势均对目前中越的互联网治理的理念、模式、策略提出新要求和新期待。因此，除了论文第二章提到的"网络意识形态复杂敏感""网络安全问题比较突出""网络信息技术相对落后"和"网络治理能力亟待提升"等四大具体问题之外，从互联网治理的科学发展、长远发展角度看，中越还需要深入认识互联网治理中存在的一系列深层次问题。

首先，传统管理思路与互联网治理思维协调不够的问题。思路决定出路，眼界决定未来。中越在互联网治理中秉持的"发展与治理同步""维护网络安全""倡导全球良性治理"等思路和理念具有现实必要性和合理性，指引了互联网发展和治理工作取得不小成效。但是，互联网发展的动态性、开放性和互联网治理的全球性、协同性考验着中越的治理智慧和治理思维。不能仅仅以既有经验、认知和思路来应对目前的问题和谋划未来的互联网治理。各国的互联网治理模式都是以其当前的国家治理理念为指导的。① 而中越的传统管理思路和惯性思维所暴露出的问题日益与互联网发展和治理的趋势格格不入，需要引起高度关注。比如，尽管多元治理、协同治理是应当成为互联网治理的本质属性，社会组织、网民和企业的作用应当在互联网治理中更加充分地发挥出来。但是，在新兴的互联网治理领域尚未做到完全遵循"多元协同"的规则。又如，互联网治理中的"强制性"冲动难以克服。有的管理部门依然习惯通过行政权力行使强控互联网，结果往往出现"一管就死、一放就乱"的尴尬局面。在"治乱循环"中很难长远实现互联网的科学治理、良性治理。再如，中越在互联网治理中不遗余力研发防火墙、内容过滤、舆情监测等技术手段，维护信息安全和国家安全。但是，过于依赖技术进行互联网治理，一方面，可能出现"数字利维坦"② 问题，存在公民权益受到损害的潜在风险；另一方面，因为对"器物"解决问题的强调，取代了优化互联网治理体制机制的积极探索。

其次，国家治理体系与互联网治理模式匹配不足的问题。如前所述，互联网治理与国家治理的"同构性"决定了：一方面，通过互联网治理能够有力推进国家治理现代化；另一方面，国家治理体系、结构和模式深刻影响和制约了互联网治理水平。因为，互联网治理是深深"嵌入"国家治理"系统性工程"中的"分领域"和"子项目"，不可能不受国家治理结构、环境和要素的影响。这在中越互联网治理实践中也体现的比较明显，甚至成为影响两国互联网治理成效和水平的深层次关键问题。中越两国作为革命战争胜利后建立的社会主义国家，长期受西方国家包围渗透。加上计划经济体制对社会管理、文化管理等领域的长期塑造和惯性作用，实现治理体系转型将是一个漫长而又艰巨的任务。尽管近年来提出国家治理体系和治理能力现代化的目标，而中越毫无疑问尚处于国家治理现代化的阶段性过程中，离真正的发达状态、现代化目标还有相当

---

① 张伟、金蕊：《中外互联网治理模式的演化路径》，《南京邮电大学学报（社会科学版）》，2016 年第 4 期。

② 即"国家依靠信息技术的全面装备，将公民置于彻底而富有成效的监控体系之下，而公民却难以有效地运用信息技术来维护其公民权利"。参见肖滨：《信息技术在国家治理中的双面性与非均衡性》，《学术研究》，2009 年第 11 期。

距离。作用到互联网治理上，国家治理体系与互联网治理模式不匹配问题突出表现在以下几点：一是为了维护国家安全所采用的封闭隔离模式与互联网治理的开放性之间的摩擦，即在某些时间、某些领域为了政权安全不惜牺牲互联网开放和网民权益。这种"霹雳手段"与互联网"柔性治理"的发展趋势之间还需要更好协调兼顾。二是国家治理体系调整的相对滞后性与互联网治理的动态性之间的摩擦，即互联网发展和治理日新月异，而其治理部门和相关结构在组织功能和能力水平上没有跟上其变化发展的节奏和速度。而中越这种国家治理体系问题在社会主义国家和发展中国家中具有很强的典型性和代表性，甚至老挝、朝鲜、古巴和其他发展中国家的国家治理体系现代化程度比中越更落后，适应现代互联网治理的难度更大，不匹配的问题更突出。因此，中越必须不断优化国家治理体系结构，对互联网治理的外部要素和外部关系进行提升、调整、规范，使之更加适应现代互联网治理的要求，真正实现协同治理和综合治理。

最后，惯用治理方式与互联网治理发展衔接不力的问题。互联网治理不仅要有思路、建体系，还要讲方法、有实效。目前，中越的互联网治理策略有诸多可取之处，但是与互联网治理质效不断提升的要求相比还存在较大差距。具体体现在：一是治理过程中的权利与义务不对等。党和政府的立法权力、行政监管和技术控制在互联网治理上运用的比较充分，而对网民个人权益、社会组织成长和企业发展壮大的切实关注还不够，行业自律、公众监督的效力还有待继续发挥。二是法治治理方式的整体水平尚待提升。尽管中越在互联网治理中加大了立法力度、加快了立法进程，努力为互联网治理提供更加充分的法治保障。但是，实现真正的互联网法治治理绝不仅仅是制定几部法律法规那么简单，需要立法之间的相互衔接、形成合力，需要相关部门和机构的依法行政、依法治网，还需要网民、社会组织和企业提升依法使用互联网和从事经营活动的意识，不断降低遵守法律的成本，提高违反法律的代价，使互联网法治真正落地生根。而就这些方面而言，中越的互联网治理还有很长一段路要走。

8.4.3 进一步改进互联网治理的基本思路

如前所述，中国越南作为社会主义国家和发展中国家的代表，走出了一条符合本国国情和发展特点的互联网治理之路。总体来看，这条治理之路与发展中国家的政治经济文化科技等条件是匹配融合的，促进了互联网的迅速发展和良性治理。社会主义国家和广大发展中国家应当树立这种战略自信和战略定力。但是，我们应当清醒地认识到，互联网治理是一个不断动态发展的过程性实践，没有所谓"一直正确"的既定模式，也不存在所谓"永远完美"的方案。在现代化的过程中，各个国家遇到的新情况新问题层出不穷，不可能用"此时"的模式去应对"彼时"的问题，世情国情党情变化发展了，互联网治理模式理所应当调整更新完善。总之，互联网治理依然是一项需要不断发展探索的实践。

因此，从科学发展和动态治理的角度来看，中越等社会主义国家和广大发展中国家的互联网治理在顺应大势、尊重国情、把握规律的基础上，绝不能因循守旧、裹足不前，而是要深刻认识新科技革命的变化发展趋势，深入总结互联网治理的经验和优势，准确评估存在的问题和不足，不断调整和完善互联网治理模式，实现互联网治理水平不断提升。

从中国越南互联网治理存在的一些深层次问题来看，今后改进的基本思路包括以下几方面：

首先，提升互联网多元治理、协同治理水平。互联网治理是一项牵扯面广、涉及主体多、技术含量高的治理行为。对于社会主义国家和发展中国家来说，党和政府的治理力量固然不可或缺，但是单靠党和政府推动互联网治理仍然仅仅是某个特定历史阶段的产物，具有阶段合理性、必要性，伴随着经济社会的发展和互联网治理实践的演进，其局限性将日益暴露出来。党和政府对于早期集中资源投入推进互联网发展、加强互联网管理、维护网络安全具有重要意义，在应对信息技术发展迭代化、互联网行为复杂化、涉及利益多元化、互动交流国际化等新情况新趋势等方面，则会显得越来越心有余而力不足。尤其是像中国越南这样国家的互联网治理向高级阶段转型的过程中（两国互联网普及率均超过世界平均水平），更需要探讨党和政府的角色定位以及多元治理、协同治理的问题。因此，社会主义国家和发展中国家可能并不需要向某些发达国家（例如美国）那样通过互联网企业和互联网协会主导互联网治理，但是，应将互联网治理的更多领域、更多职能和更多权力授予或者让渡给其他参与主体，更加重视企业、社会组织和网民互联网治理的参与性、积极性、建设性，建立有更多的互联网治理利益攸关方参与的互联网治理格局。亦即党和政府主要扮演互联网发展和治理的战略规划者、制度构建者和行为监督者，将大量"活动空间"留给其他参与主体和利益攸关方，并促进他们的关系协调、权益维护和多元共治。本质地体现在利益关照上，不仅仅要重视党和政府的执政安全需要、社会稳定需要和追赶发展需要，也要关注其他行为主体的信息获得权益、意见表达权益、隐私保护权益和经济收益权益维护，更加注重非政府行为主体权利和义务的对等，发挥"自上而下"和"自下而上"两个积极性。唯有如此，互联网企业和网民的利益能够得到更好的表达和实现，企业、网民、组织的作用能够在互联网治理中更充分地发挥，政府、企业、网民、组织的合力能够更有效地推进网络信息化事业发展，远比党和政府唱"独角戏"来得更有代表性、更有效率。这种新格局能够有效弥补互联网治理某些方面的"政府失灵""行政缺陷"，最终达到多元共治、实现多方共赢，推动互联网治理向更高层次和水平发展。

其次，实现国家治理体系与互联网治理模式的有机融合。充分认识互联网的整体特性、动态特性、开放特性、相对特性、共同特性对互联网治理的重要意义，[1] 以国家治理体系的要素、结构和环境的不断优化支撑互联网治理升级。中越两国均处于互联网治理的转型时期，要在不断改革中提升互联网治理能力，实现治理的现代化。[2] 其一是要提高行政效能，实现互联网治理的党政力量整合。从顶层设计上建立互联网治理的领导体制机制，完善互联网治理的总体战略规划，将分散在诸多部门的互联网治理职能和力量进行有效整合，清晰界定机构之间的职能定位和合作机制，克服政出多门和"九龙治水"的弊端，尤其是防止行政"扯皮"和治理内耗，更要防止利用互联网治理权力进行的寻租行为，规避某些发展中国家经常遭遇的治理无力和治理失败困境。同时，不断提高与互联网治理相关的公共治理的水平，以先进的政治体系、经济体系、文化

① 安静：《网络空间面临的多重挑战及西方网络治理经验探讨》，《国外社会科学》，2016年第4期。

② 宇文利：《中国互联网治理的转型性特征》，《人民论坛》，2016年2月（上）。

体系、传播体系共同互联网治理现代化。其二是要实现管理能力和技术水平提升并举。不能仅仅将互联网治理看作简单的"技术升级"和"器物发展",一味迷信信息监测技术、信息过滤技术等在互联网治理中的作用,而是要在提高互联网治理安全防御能力和创新技术手段、技术治理的同时,完善互联网治理的制度供给和体制架构,优化互联网治理组织体系和管理水平,加强互联网治理的配套能力建设,培育互联网治理人才队伍。超越技术治理的狭隘思维,形成包括技术治理、制度治理、人才治理等在内的综合治理、动态治理、自我调适的基本结构。① 其三是要不断加强互联网治理的法治保障。从依靠组织行政力量治网向"依法治网"转变。积极推进互联网治理法治保障体系建设,逐步提高互联网治理的立法层次,增强法律法规和规范性文件之间的衔接,加大法治教育和法治宣传的力度,形成政府部门、企业、社会组织、网民的守法意识、守法习惯,营造互联网治理的法治软环境。需要强调的是,在此过程中不仅仅要求非政府行为主体学法懂法守法,更要要求政府部门和工作人员依法行政、"依法治网",在法律的边界范围内治理互联网。一句话,用法治保障构建互联网治理的严肃性、规范性和稳定性,最大限度地避免"不作为"和"乱作为",最大限度地增强互联网治理的社会认可度和支持度。

第三,根据世界潮流和发展趋势,掌握互联网治理的几条基本原则。一是"松紧适当、有序放松"。对互联网主权问题、安全问题和互联网违法犯罪行为,要守住治理底线,依法治理和严肃处理,这是所谓的"紧"。而互联网的开放性、多元性、互动性等特征又要求以更加包容、柔性的态度进行互联网治理,这是所谓的"松"。"太松"会导致互联网安全问题泛滥,危及国家安全和网民权益,"太紧"则会压制互联网发展和言论自由,甚至造成政府与民众之间的对立。② 遵循"松紧适当"的原则十分必要。另外,从互联网发展趋势和世界潮流的角度来看,还要做好"有序放松"的准备。因为,互联网发展的创造性需要相对宽松的政治环境、治理环境和人文环境,互联网治理的协同性也需要更

---

① 于施洋、童楠楠、王建冬:《中国互联网治理"失序"的负面效应分析》,《电子政务》,2016 年第 5 期。

② 张显龙:《中国互联网治理:原则与模式》,《新经济导刊》,2013 年第 3 期。

加灵活、柔性、协调的方式方法。所以，在目前互联网治理"松紧适当"的基础上，如何逐步、有序放松，进一步激发互联网发展和治理的活力，更好地实现创新创造和改革发展，是进行前瞻性思考的主要方向。二是"疏堵结合、加强引导"。"疏"是指加强对互联网平台的管理，占领互联网舆论阵地，创新议题设置，有效引导舆论。"堵"是指采用技术、行政等手段，控制互联网信息传播，打击互联网不良言论。事实证明，"疏堵结合"在互联网治理尤其是互联网舆论治理中的成效显著。但是，从互联网舆论发展和信息透明化的趋势来看，"堵"的效果会越来越差，而且会伤及政府公信力。因此，要对网络舆论、网民行为切实"加强引导"，尤其要尊重网民的信息权益和民主权利，尽量少使用"运动式"的治理方法，更加注重互联网治理的长期效果和实质进步。三是"内外兼顾、以内为主"。互联网发展和治理已经跨越国界，全球互联网治理对国内互联网治理产生了直接而又深刻的影响。因此，在互联网治理中需要兼顾国内国际两个大局，树立国内国际两种意识。以国内互联网治理推动全球互联网治理良性发展，以全球互联网治理为国内互联网治理营造良好外部条件。但是，就社会主义国家和发展中国家而言，面临复杂的经济社会转型任务和互联网安全环境，互联网治理的重点依然是着眼国内。应该以处理和化解"内部矛盾"为先，将互联网安全、意识形态安全、互联网经济等影响社会稳定和长远发展的突出变量置于互联网治理的核心议程，集中力量加以解决。

当然，对于社会主义国家和广大发展中国家而言，也要争取联合起来创新互联网的全球治理机制。事实证明，互联网治理从来就不是一国"内政"，它早已跨出一国边界，越来越成为国际关系行为体之间复合相互依赖的主要表现领域之一。"互联网治理，是全球治理的新领域，必须协同创新，共同治理。"因此，发展中国家互联网治理不仅仅取决于国内管理机制、技术水平、法治保障等因素，还依赖于全球互联网治理机制的发展变化、变革创新。目前就这一点而言，对发展中国家的网络主权、网络权益是极为不利的。其主要原因在于：发展中国家在互联网核心技术上受制于人的被动局面没有根本改变，在互联网国际组织中的发言权、话语权不够的状况没有根本改变，成为西方发达国家互联网渗透主要受害者的地位没有根本改变。发展中国家面临的互联网治理问题极为相似，彼此之间有更多的共同利益和共同语言，要通过积极有效的国际合作和国际斗争与西方发达国家进行互联网治理博弈，① 形成国际互联网治理的新阵营和新格局②。倡导"建立多边、民主、透明的国际互联网治理体系"，设计出更为完善的网络化治理方式与全球性的跨国治理机构。③ 最终，以"多边"治理打破西方发达国家尤其是美国的"单边"控制，实现发达国家、发展中国家、国际组织、互联网企业和世界网民的共同治理；以"民主"治理代替某些国家和组织的互联网治理"独裁"行为，不断提高发展中国家在全球互联网治理中的发言权、话语权、表决权，以联合国为框架实现互联网全球治理的民主化；以"透明"治理消解互联网治理上的"暗箱"操作，维护广大发展中国家和人民的互联网权益，反对某些国家和组织通过网络渗透、网络窃取侵害发展中国家利益。

---

① 方兴东、胡怀亮、肖亮：《中美网络治理主张的分歧及其对策研究》，《新疆师范大学学报（哲学社会科学版）》，2015 年第 5 期。
② 李艳：《当前国际互联网治理改革新动向探析》，《现代国际关系》，2015 年第 4 期。
③ ［美］弥尔顿·L. 穆勒：《网络与国家：互联网治理的全球政治学》，上海交通大学出版社，2015 年版，第 326 页。

参考文献

一、中文著作（含译著）

1. 《马克思恩格斯选集》第1—4卷，人民出版社，2012年版。

2. 《列宁选集》第1—4卷，人民出版社，2012年版。

3. 《毛泽东选集》第1—4卷，人民出版社，1991年版。

4. 《邓小平文选》第1—3卷，人民出版社，1994年版。

5. 《江泽民文选》第1—3卷，人民出版社，2006年版。

6. 《胡锦涛文选》第1—3卷，人民出版社，2016年版。

7. 《习近平谈治国理政》，外文出版社，2014年版。

8. 《习近平谈治国理政》第二卷，外文出版社，2017年版。

9. 《习近平关于社会主义文化建设论述摘编》，中央文献出版社，2017年版。

10. 《习近平总书记系列重要讲话读本》，学习出版社、人民出版社，2014年版。

11. 《习近平总书记系列重要讲话读本（2016年版）》，学习出版社，2016年版。

12. 陈明凡：《越南政治革新研究》，社会科学文献出版社，2012年版。

13. 蔡文之：《网络传播革命：权力与规制》，上海人民出版社，2011年版。

14. 程玉红：《网络时代的政治参与和政党变革研究》，知识产权出版社，

2013 年版。

15. 华炳啸：《公共治理与政治传播》，社会科学文献出版社，2014 年版。

16. 郭文亮：《当代国外社会主义意识形态发展导论》，人民出版社，2010 年版。

17. 广西社会科学院：《越南国情报告（2014）》，社会科学文献出版社，2014 年版。

18. 广西社会科学院：《越南国情报告（2015）》，社会科学文献出版社，2015 年版。

19. 古小松、罗文青：《越南经济》，世界图书出版公司，2016 年版。

20. 韩松洋：《网权论：大数据时代的政治网络营销》，电子工业出版社，2014 年版。

21. 胡泳：《网络政治：当代中国社会与传媒的行动选择》，国家行政学院出版社，2014 年版。

22. 黄相怀等：《互联网治理的中国经验》，中国人民大学出版社，2017 年版。

23. 荆学民：《政治传播简明原理》，中国传媒大学出版社，2015 年版。

24. 荆学民主编：《当代中国政治传播研究巡检》，中国社会科学出版社，2014 年版。

25. 孔洪刚：《政治传播：中国镜像与他国镜鉴》，法律出版社，2012 年版。

26. 李慎明：《世界社会主义跟踪研究报告（2014—2015）》，社会科学文献出版社，2015 年版。

27. 李元书：《政治体系中的信息沟通：政治传播学的分析视角》，河南人民出版社，2005 年版。

28. 李永刚：《我们的防火墙：网络时代的表达与监督》，广西师范大学出版社，2009 年版。

29. 李彦冰：《政治传播视野中的中国国家形象构建》，中国社会科学出版社，2014 年版。

30. 李智：《国际政治传播：控制与效果》，北京大学出版社，2007 年版。

31. 梁宏：《变革中的越南朝鲜古巴》，海天出版社，2010 年版。

32. 马俊、殷秦、李海英：《中国的互联网治理》，中国发展出版社，2011 年版。

33. 潘金娥：《越南政治经济与中越关系前沿》，社会科学文献出版社，2011 年版。

34. 孙鸿、赵可金：《政治营销学导论》，复旦大学出版社，2008 年版。

35. 孙鸿、赵可金：《国际政治营销概论》，北京大学出版社，2011 年版。

36. 孙兰英：《全球化网络化语境下政治文化嬗变》，中国社会科学出版社，2010 年版。

37. 唐守廉：《互联网及其治理》，北京邮电大学出版社，2008 年版。

38. 唐子才、梁雄健：《互联网规制理论与实践》，北京邮电大学出版社，2008 年版。

39. 王立强等：《世界社会主义和左翼思潮：现状与发展趋势》，社会科学文献出版社，2014 年版。

40. 向文华等：《科技革命与社会制度嬗变》，中央编译出版社，2003 年版。

41. 谢林成：《越南国情报告（2016）》，社会科学文献出版社，2016 年版。

42. 薛小荣、王萍：《网络党建能力论：信息时代执政党的网络社会治理能力》，时事出版社，2014 年版。

43. 杨立英、曾盛聪：《全球化、网络化境遇与社会主义意识形态建设研究》，人民出版社，2006 年版。

44. 俞可平：《治理与善治》，社会科学文献出版社，2000 年版。

45. 周鸿铎主编：《政治传播学概论》，中国纺织出版社，2005 年版。

46. 张晓峰、赵鸿燕：《政治传播研究：理论、载体、形态、符号》，中国传媒大学出版社，2011 年版。

47. 张志安：《互联网与国家治理年度报告（2016）》，商务印书馆，2016 年版。

48. 翟峥：《现代美国白宫政治传播体系（1897—2009）》，世界知识出版社，2012 年版。

49. 钟忠：《中国互联网治理问题研究》，金城出版社，2010 年版。

50. 中国信息化发展报告课题组：《网络与治理：中国信息化发展报告（2015）》，电子工业出版社，2015 年版。

51. 中华人民共和国国务院新闻办公室：《中国互联网状况（2010 年 6 月）》，人民出版社，2010 年版。

52. ［美］阿尔文·托夫勒：《第三次浪潮》，中信出版社，2006 年版。

53. ［英］安德鲁·查德威克：《互联网政治学：国家、公民与新传播技术》，华夏出版社，2010 年版。

54. ［俄］B. A. 利西奇金、J. A. 谢列平：《第三次世界大战：信息心理战》，社会科学文献出版社，2003 年版。

55. ［美］布鲁斯·宾伯：《信息与美国民主：技术在政治权力演化中的作用》，科学出版社，2011 年版。

56. ［美］达雷尔·M. 韦斯特：《下一次浪潮：信息通信技术驱动的社会与政治创新》，上海远东出版社，2012 年版。

57. ［美］凯斯·桑斯坦：《网络共和国：网络社会上的民主问题》，黄维明译，上海人民出版社，2003 年版。

58. ［丹］克劳斯·布鲁恩·延森：《媒介融合：网络传播、大众传播和人际传播的三重维度》，复旦大学出版社，2012 年版。

59. ［美］劳伦斯·莱斯格：《代码》，李旭等译，中信出版社，2004 年版。

60. ［美］罗伯特·W. 麦克切斯尼：《富媒体穷民主：不确定时代的传播政治》，新华出版社，2003 年版。

61. ［美］尼古拉斯·尼葛洛庞帝：《数字化生存》，胡泳译，海南出版社，1997 年版。

62. ［美］弥尔顿·穆勒：《网络与国家：互联网治理的全球政治学》，上海交通大学出版社，2015 年版。

63. ［西］纽曼尔·卡斯特：《网络社会：跨文化的视角》，社会科学文献出版社，2009 年版。

64. ［美］W. 兰斯·本奈特、罗伯特·M. 恩特曼：《媒介化政治：政治传播新论》，清华大学出版社，2011 年版。

65. ［俄］谢·卡拉－穆尔扎：《论意识操纵（上、下）》，社会科学文献出版社，2004 年版。

66. ［美］詹姆斯·N. 罗西瑙：《没有政府的治理：世界政治中的秩序与变革》，刘小林等译，江西人民出版社，2001 年版。

二、中文论文

1. 曹海涛：《从监管到治理——中国互联网内容治理研究》，武汉大学博士学位论文，2013 年。

2. 陈建功、李晓东：《中国互联网发展的历史阶段划分》，《互联网天地》，2014 年第 3 期。

3. 陈万球、欧阳雪倩：《习近平网络治理思想的理论特色》，《长沙理工大学学报（社会科学版)》，2016 年第 2 期。

4. 陈化南：《前进中的越南信息通信业》，《卫星电视与宽带多媒体》，2012 年第 24 期。

5. 陈家喜、张基宏：《中国共产党与互联网治理的中国经验》，《光明日报》，2016 年 1 月 25 日 第 2 版。

6. 陈明凡：《越南政治革新的经验教训及其启示》，《探索与争鸣》，2013 年第 1 期。

7. 陈新明、杨耀源：《越南修订 1992 年宪法引发的争论及思考》，《当代世界与社会主义》，2016 年第 1 期。

8. 崔向升：《越南"革新"背后的底线》，《青年参考》，2013 年 2 月 6 日第 7 版。

9. 邓莹：《中国互联网治理理念与能力提升研究》，广西大学硕士学位论文，2016 年。

10. 方兴东、张静：《中国特色的网络治理演进历程和治网之道》，《汕头大学学报（人文社会科学版)》，2016 年第 2 期。

11. 方兴东、胡怀亮、肖亮：《中美网络治理主张的分歧及其对策研究》，

《新疆师范大学学报（哲学社会科学版）》，2015 年第 5 期。

12. 方兴东：《中国互联网治理模式的演进与创新》，《人民论坛·学术前沿》，2016 年 3 月（下）。

13. 古小松：《中越文化关系略论》，《东南亚研究》，2012 年第 6 期。

14. 古小松：《从越共十二大看越南的道路与方向》，《学术前沿》，2016 年第 4 期（上）。

15. 郭春生、陈婉莹：《越南革新开放在世界社会主义改革浪潮中的地位和作用》，《理论与改革》，2017 年第 3 期。

16. 关巍：《越共十二大理论动态》，《理论月刊》，2016 年第 3 期。

17. 葛青：《发展中国家互联网发展政策及限制性策略研究：以七个国家为例》，外交学院硕士学位论文，2011 年。

18. 何明升：《中国网络治理的定位及现实路径》，《中国社会科学》，2016 年第 7 期。

19. 何明升、白淑英：《网络治理：政策工具与推进逻辑》，《兰州大学学报（社会科学版）》，2015 年第 3 期。

20. 何小燕：《越南信息产业现状发展现状与态势》，《东南亚研究》，1997 年第 4 期。

21. 何霞：《越南电信发展与政府管制》，《邮电企业管理》，2002 年第 3 期。

22. 黄友兰、陶氏幸、余颜：《越南电子信息产业发展的机遇与挑战》，《重庆邮电大学学报（社科版）》，2013 年第 5 期。

23. 蒋力啸：《试析互联网治理的概念、机制与困境》，《江南社会学院学报》，2011 年第 3 期。

24. 金蕊：《中外互联网治理模式研究》，华东政法大学硕士学位论文，2016 年。

25. 李宁、刘媛媛：《互联网时代条件下社会主义意识形态建设研究综述》，《党史文苑》，2014 年第 4 期。

26. 李艳艳：《如何看待当前网络意识形态安全的形势》，《红旗文稿》，2015 年第 14 期。

27. 李艳：《当前国际互联网治理改革新动向探析》，《现代国际关系》，2015 年第 4 期。

28. 梁俊兰、付青：《越南的信息技术教育》，《国外社会科学》，2004 年第 5 期。

29. 陆俊、严耕：《信息化与社会主义现代化：兼评托夫勒和卡斯特的信息化与社会主义"冲突"论》，《思想理论教育导刊》，2004 年第 8 期。

30. 马洪波、彭强：《"公民社会"构想与越南政治革新的新进展》，《社会主义研究》，2010 年第 2 期。

31. 潘金娥：《当前越南共产党面临的问题与挑战》，《当代世界与社会主义》，2014 年第 6 期。

32. 潘金娥：《2013 年越南共产党党情：防治"内寇"与抵御"外敌"并举》，《当代世界》，2014 年第 2 期。

33. 潘金娥：《越南社会主义过渡时期：理论沿革及其与中国的比较》，《科学社会主义》，2015 年第 2 期。

34. 潘金娥：《从越共十二大看越南革新的走向》，《当代世界与社会主义》，2016 年第 1 期。

35. 潘金娥：《越南领导层的更替与中越关系发展的前景》，《世界知识》，2016 年第 9 期。

36. 邹卫中、钟瑞华：《网络治理的关键问题与治理机制的完善》，《科学社会主义》，2015 年第 6 期。

37. 若英：《什么是网络主权?》，《红旗文稿》，2014 年第 13 期。

38. 山东大学政党研究所课题组：《全球化信息化条件下越南共产党组织发展趋势研究》，《当代世界与社会主义》，2008 年第 1 期。

39. 史为磊：《习近平网络治理思想探析》，《贵州省委党校学报》，2016 年第 6 期。

40. 沈舒翠：《汉越网络聊天语言对比研究》，吉林大学硕士学位论文，2016 年。

41. 宋方敏：《互联网时代的国家治理》，《红旗文稿》，2015 年第 10 期。

41. 舒华英:《互联网治理的分层模式及其生命周期》,《中国通信学会通信管理委员会学术研究会通信发展战略与管理创新学术研讨会论文集》,2006 年。

43. 滕明政:《科学理解网络执政能力内涵》,《党政干部学刊》,2012 年第 8 期。

44. 王家骏:《越南最严互联网管制真相》,《时代人物》,2013 年第 11 期。

45. 王慧芳:《中日互联网治理比较研究》,中国矿业大学硕士学位论文,2014 年。

46. 吴现波、李卿:《习近平互联网治理思想的基本论点及价值》,《中共云南省委党校学报》,2016 年第 4 期。

47. 谢俊贵:《中国特色虚拟社会管理综治模式引论》,《社会科学研究》,2013 年第 5 期。

48. 熊光清:《全球互联网治理中的数字鸿沟问题分析》,《国外理论动态》,2016 年第 9 期。

49. 熊光清:《中国网络政治参与的形式、特征及影响》,《当代世界与社会主义》,2017 年第 3 期。

50. 叶敏:《中国互联网治理:目标、方式与特征》,《新视野》,2011 年第 1 期。

51. 叶敏:《网络执政能力:面向网络社会的国家治理》,《中南大学学报(社会科学版)》,2012 年第 5 期。

52. 易文:《越南革新时期新闻传媒研究》,上海大学博士学位论文,2010 年。

53. 云南行政学院赴越南考察小组:《越南行政改革及其启示》,《云南行政学院学报》,2002 年第 3 期。

54. 于向东:《近期越南政治发展变化的若干问题》,《东南亚纵横》,2014 年第 4 期。

55. 越共中央:《越南共产党第十一届中央委员会在党的第十二次全国代表大会上的政治报告(上)》,《南洋资料译丛》,2016 年第 4 期。

56. 越共中央:《越南共产党第十一届中央委员会在党的第十二次全国代表

大会上的政治报告（下）》，《南洋资料译丛》，2017 年第 1 期。

57. 张建中：《越南互联网发展现状》，《传媒》，2014 年 9 月（上）。

58. 张国庆：《互联网全球治理的国际意义》，《中国社会科学报》，2015 年 12 月 18 日第 869 期。

59. 张东：《中国互联网信息治理模式研究》，中国人民大学博士学位论文，2010 年。

60. 张坤晶：《信息革命与社会主义的新特征研究：兼论"信息社会主义"的可能性》，华南理工大学博士学位论文，2014 年。

61. 曾润喜、徐晓林：《变迁社会中的互联网治理研究》，《政治学研究》，2010 年第 4 期。

62. 郑莹：《网络不是法外之地》，《人民日报》，2015 年 4 月 14 日第 7 版。

63. 周季礼：《越南信息安全建设基本情况》，《中国信息安全》，2013 年第 8 期。

64. 周季礼：《2014 年越南网络空间安全发展综述》，《中国信息安全》，2015 年第 4 期。

65. 朱巍：《习近平互联网思想体系的辩证分析》，《中国广播》，2016 年第 4 期。

66. 钟瑛：《我国互联网管理模式及其特征》，《南京邮电大学学报（社会科学版)》，2006 年第 6 期。

67. ［越］陈氏美河：《越南互联网管理模式探析》，华南理工大学硕士学位论文，2011 年。

68. ［越］陈庭奉：《当代越南大学生理想信念教育研究》，湖南师范大学博士学位论文，2015 年。

69. ［越］杜氏贤：《越南网络媒体十五年的发展研究》，广西大学硕士学位论文，2015 年。

70. ［越］黄明贤：《社交媒体对越南电子报刊内容的影响》，吉林大学硕士学位论文，2016 年。

71. ［越］黄乔绒：《社交网络对新闻网站的影响研究——以越南 VnExpress

与 VietNamnet 新闻网站为例》，西南大学硕士学位论文，2015 年。

72. ［越］黄氏娇媚：《网络传播对越南青年消费行为的影响》，华南理工大学硕士学位论文，2011 年。

73. ［越］黄氏玉簪：《越南平定省电子政务建设研究》，广西大学硕士学位论文，2014 年。

74. ［越］阮仲仁：《越南芹宜市电子政务发展研究》，广西大学硕士学位论文，2015 年。

三、英文著作

1. Guobin Yang, *The Power of the Internet in China：Online Citizen Activism*, Columbia University Press, 2009.

2. Hoffmann, *The politics of the Internet in Third World development*, Routledge, 2004.

3. Jens Damm, Simona Thomas, *Chinese Cyberspaces：Technological Changes and Political Effects*, Taylor and Francis, 2009.

4. Jack Goldsmith, Tim Wu, *Who Control the Internet Illusion of a Borderless World*, Oxford University Press, 2006.

5. Katrin Voltmer, *Mass media and political communication in new democracies*, Routledge, 2006.

6. Lars Willnat, *Political communication in Asia*, Routledge, 2009.

7. Yongnian Zheng, *Technological Empowerment：The Internet, State and Society in China*, Stanford University Press, 2007.

四、英文论文

1. Alexander L. Vuving, *VIETNAM：A Tale of Four Players*, Southeast Asian Affairs, 2010.

2. Benedict J. Tria Kerkvliet, *An Approach for Analysing State – Society Relations in Vietnam*, Journal of Social Issues in Southeast Asia, Vol. 16, No. 2,

October 2001.

3. Björn Surborg, *Is it the "Development of Underdevelopment" all over again? Internet Development in Vietnam*, Globalizations, Vol. 6, No. 2, 2009.

4. Björn Surborg, *On – line with the people in the line: Internet development and flexible control of the net in Vietnam*, Geoforum 39, 2008.

5. Björn Surborg, *Advanced services, the New Economy and the built environment in Hanoi*, Cities, Vol. 23, No. 4, 2006.

6. Carlyle A. Thayer, *Vietnam and the Challenge of Political Civil Society*, Contemporary Southeast Asia, Vol. 31, No. 1, April 2009.

7. Carlyle A. Thayer, *The Trial of Lê Công Dnh: New Challenges to the Legitimacy of Vietnam's Party – State*, Journal of Vietnamese Studies, Vol. 5, No. 3, Fall 2010.

8. Dieu Lam, Jonathan Boymal, Bill Martin, *Internet diffusion in Vietnam*, Technology in Society 26, 2004.

9. Edmund J. Malesky, *Vietnam in 2013: Single – Party Politics in the Internet Age*, Asian Survey, February 2015.

10. Frank B. Tipton, *Bridging the Digital Divide in Southeast Asia: Pilot Agencies and Policy Implementation in Thailand, Malaysia, Vietnam, and the Philippines*, ASEAN Economic Bulletin, Vol. 19, No. 1, April 2002.

11. Jason Morris – Jung, *Vietnam's Online Petition Movement*, Southeast Asian Affairs 2015.

12. Jonathan Boymal, Bill Martin and Dieu Lam, *The political economy of Internet innovation policy in Vietnam*, Technology in Society29, 2007.

13. Le Mai Huong, *A Third Way: How Vietnam's One Party State Is Managing The Internet Boom*, A thesis submitted in total fulfillment of the requirements for the degree of Master by research, La Trobe University, January 2015.

14. Nina Hachigian, *The Internet and Power in One – Party East Asian States*, The Washington Quarterly, 2002.

15. Nguyen Manh Hien, *A Comparative Study on Waseda e – Government Indica-*

tors Between Vietnam and Japan, Proceedings of the European Conference on Information Management, 2013.

16. Phuong V. Nguyen, Phuong M. To, Van T. T. Bui and An T. H. Nguyen, *Understanding 3G Mobile Service Acceptance in Ho Chi Minh City, Vietnam*, International Journal of Business and Management, Vol. 10, No. 4, 2015.

17. Peter Smith, Llewellyn Toulmin and Christine Zhen – Wei Qiang, *Accelerating ICT Development in Vietnam*, Digest of Electronic Commerce and Regulation 26, 2003.

18. Tuyen Thanh Nguyen and Don Schauder, *Grounding E – Government in Vietnam: from Antecedents to Responsive Government Services*, Journal of Business Systems, Governance and Ethics, Vol. 2, No. 3, 2007.

19. Warren Paul Mayes, *Unsettled Post – Revolutionaries in the Online Public Sphere*, Journal of Social Issues in Southeast Asia, Vol. 24, No. 1, 2009.

五、相关网站

1. 世界互联网数据网站：www. internetworldstats. com

2. 开放互联网网站：https：//opennet. net

3. 越南中央政府网站：http：//cn. news. chinhphu. vn

4. 越南人民报网站：http：//cn. nhandan. com. vn

5. 越南通讯社网站：http：//zh. vietnamplus. vn

6. 越共电子报网站：http：//cn. dangcongsan. vn

7. 越南每日快讯网站：http：//e. vnexpress. net

8. 越南信息通讯部网站：http：//english. mic. gov. vn/Pages/home. aspx

9. 越南互联网信息中心网站：www. vnnic. vn

10. 越南共产主义杂志网站：http：//cn. tapchicongsan. org. vn

11. 中越之家网站：http：//www. zyzj. com. cn

12. 中华人民共和国国家互联网信息办公室网站：http：//www. cac. gov. cn

13. 中国互联网协会网站：http：//www. isc. org. cn

后　记

　　"文章千古事，得失寸心知"。

　　本书由我的博士学位论文改编而成。选择《中国越南互联网治理比较研究》为博士论文题目并非偶然，一则源于世界社会主义研究的学科背景，二则基于我对网络信息化和网络传播研究的个人兴趣，三则互联网治理对社会主义意识形态建设的意义日益凸显。攻读博士学位期间，我就网络政治传播和意识形态建设在《红旗文稿》《光明日报》《现代国际关系》《思想理论教育导刊》《理论探索》等报刊上发表多篇论文，打下了较好的前期研究基础。我认为，从信息全球化发展的角度来研究世界社会主义的前途命运能够拓展研究视域，丰富研究视角，得出精彩结论。但是，我十分清楚，论文还有一些不如人意之处，例如，在篇章结构上还有完善的空间，在总结提炼上还可以进一步升华，在外文引用上还能下更大的功夫。好在我将继续在该领域深耕细作，并打算陆续出版科研作品。因此，本书仅仅是研究的起点，而绝非研究的终点。在博士论文答辩之际，第四届世界互联网大会发布了《世界互联网发展报告2017》《中国互联网发展报告2017》蓝皮书，中国的互联网发展指数位居全球前五名，系统展现了互联网治理的中国经验。在本书编印出版之际，全国网络安全和信息化工作会议召开，习近平总书记强调，信息化为中华民族带来了千载难逢的机遇。我们必须敏锐抓住信息化发展的历史机遇，加强网上正面宣传，维护网络安全，推动信息领域核心技术突破，发挥信息化对经济社会发展的引领作用，加强网信领域军民融合，主动参与网络空间国际治理进程，自主创新推进网络强国建设，为决胜全面建成小康社会、夺取新时代中国特色社会主义伟大胜利、实现中华民族伟大复兴的中国梦作出新的贡献。事实证明，互联网治理是一个极富生命力的研究领域。路漫漫其修远兮，吾将上下而求索。

本书能够出版，首先要感谢李景治老师，他在指导我硕士顺利毕业之后，又继续担任我的博士生导师，这份师生情谊弥足珍贵。李老师年逾七旬孜孜不倦、著述颇丰，既在教学科研上诲人不倦地指导我，又在生活工作上无微不至地关心我。"先生之风，山高水长"，之于学术、工作、生活，李老师的学识、人品、风范都是我永远学习的榜样。博士论文数易其稿，从思路、结构到内容，李老师反复推敲，逐字逐句把关修改，凝结着他辛勤的付出和汗水。同时，还要感谢本书的编辑张炜煜老师，他严谨、认真、极端负责又不失风趣幽默，不仅保证了图书的质量，也为枯燥的编辑出版过程增添了许多欢乐。

2017 年是中国人民大学八十周年的生日，而我从本科开始前前后后在母校学习了十年。这是人生最宝贵的十年。母校见证了我的成长，我见证了母校的繁荣。感恩此生与人大幸福的交集，人大红刷亮了我人生的底色，沉淀为一种坚守、一种气质、一种才情，我愿意以实际行动为人大再添光彩。人大精神、人大气魄、人大自信是我一生的宝贵财富，激励我续写大写的"人"字！

阚道远

2018 年 6 月

于扬州瘦西湖畔